概説 森林認証
Outline of Forest Certification

企画・編集
安藤直人
白石則彦

編集協力
前澤英士
上河　潔
中川清郎

海青社

森林認証制度の概要と比較

森林認証制度の概要

森林認証制度は、適正に管理された認証森林から生産される木材等を生産・流通・加工工程でラベルを付すなどして分別し、表示管理することにより、消費者の選択的な購入を通じて持続的な森林経営を支援する仕組みです。これにより、森林・林業の成長産業化に寄与し、地域振興や資源循環型の社会の実現を目指すことができます。

世界各地に森林認証制度が創設され、適切な森林経営や持続可能な森林経営をしている森林を認証しています。国際的な森林認証制度としては、FSC（森林管理協議会）と PEFC（PEFC 森林認証プログラム）の 2 つがあり、我が国独自の森林認証制度としては SGEC（一般社団法人 緑の循環認証会議）が行っている認証があります。

FSC の FM 認証の審査は、環境影響や地域社会、先住民の権利などを含む世界共通の 10 原則 56 規準に沿って実施されます。FSC の CoC 認証の発行件数は森林認証制度のうちで最も多く、国際的に信頼性が高いと評価されています。一方、PEFC は、PEFC の基準に基づき各国の森林認証制度を相互承認していく点にあります。2016 年 6 月には、SGEC が PEFC から相互承認され、SGEC の認証材は PEFC の認証材としても流通させることが可能となりました。

認証取得に取り組む際は、それぞれの制度の特徴を把握し、販売先や市場がどの認証制度の認証を希望しているのか、会社として販売していきたい認証製品は何かなど、自社の目的に沿った制度を選択することが重要です。

主な森林認証制度の比較

制度の名称	設立	適用地域		概　　要
		FM	COC	
FSC® 森林管理協議会： Forest Stewardship Council®)	1993	全世界	全世界	WWF（世界自然保護基金）を中心としてFSCが発足（1993年）。世界的規模で森林認証を実施。10の原則と56の規準に基づき、独立した認証機関が認証審査を実施。国別、地域別規準の設定が可能。
PEFC™ PEFC森林認証プログラム： Programme for the Endorsement of Forest Certification Schemes)	1999	森林認証基準が作成されている国や地域の森林	全世界	ヨーロッパ11カ国の認証組織がPan Europian Forest Certification を設立（1999年）。2003年に改称。汎欧州プロセス等の規準・指標に基づく各国独自の認証制度を承認する仕組み。
SGEC 一般社団法人 緑の循環認証会議： Sustainable Green Ecosystem Council)	2003	日本のみ	日本のみ	我が国の林業団体、環境NGO等により、SGECが発足（2003年）。人工林のウエイトが高いことや零細な森林所有者が多いことなど我が国の実情に応じた制度を創設。PEFCと相互承認（2016年6月）。

FM：FM（Forest Management: 森林管理）認証
COC：COC（Chain of Custody）認証

森林認証とは？

森林管理（FM）認証とCoC認証

森林認証は、独立した第三者機関（認証機関）が一定の基準等に基づき、適切な森林経営や持続可能な森林経営が行われている森林または経営組織などを審査・認証し、それらの森林から生産された木材・木材製品を分別し表示・管理することにより、消費者の選択的な購入を通じて、持続可能な森林経営を支援する取組みです。

森林認証制度は、森林管理を認証する「森林管理（FM: Forest Management）認証」と、認証森林から産出された林産物の適切な加工・流通を認証する「CoC（Chain of Custody）認証」で構成されます。これらの構成はFSC®、SGEC及びPEFCのいずれの認証制度も共通です。

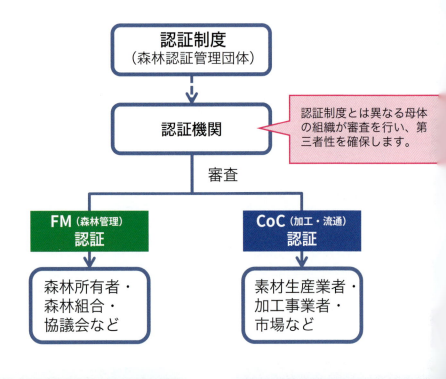

認証取得に向けたステップ①

森林管理（FM）認証取得までの流れ

下記はFM認証取得までの一般的な流れを示したものです。
特に、多数の森林所有者をまとめたグループで認証を取得するケース（グループ認証）を想定してまとめています。
グループ認証であれば、所有者1人あたりの認証審査費用が比較的安価に抑えられるメリットもあります。
1者で認証を取得することも可能です。認証取得の流れは下記とほぼ同様です。

1	**地域での協議、合意形成**	同じ地域内で森林認証の取得に向けた合意形成を行いましょう。 1人の所有者・事業体でも認証取得は可能です。認証取得後の販売先や販売方法も検討しましょう。
2	**認証機関への問い合わせ**	認証機関に問い合わせをし、認証取得に向けた見積を依頼します。
3	**認証機関の決定・契約**	見積金額等を踏まえ、認証機関を選定し、契約します。
4	**審査準備**	必要に応じてコンサルティング機関の指導を受けながら、審査に必要な書類の準備、体制づくりを行います。 森林経営計画の他、各種既存資料の活用が可能です。
5	**認証機関による事前審査**	書類審査と現場審査からなる、事前審査を受けます。 審査時に改善要求が指摘された場合には、適宜対応します。
6	**認証機関による本審査**	認証機関による本審査を受けます。 審査時に改善要求が指摘された場合には、適宜対応します。
7	**認証機関による認証（書）発行**	本審査の結果を踏まえ、認定機関が定める森林管理の基準を満たしていると判断された場合、認証機関より認証（書）が発行されます。
8	**年次監査・更新審査**	認証は5年間有効です。ただし、認証機関による年次監査を行い、森林認証管理団体の定める基準を遵守しているか確認します。

認証取得の審査に向けた準備
（森林認証を通じた森林管理のレベルアップ）

FM認証を取得する際のポイントは、森林環境に配慮する点はもちろんのこと、日頃の施業についてのマニュアルなどの文書化です。場合によっては新規に作成する必要もありますが、森林管理計画については森林経営計画を、作業道の作設指針や生物多様性保全の施業マニュアルについては既存資料をそれぞれ活用した事例もあります。その他、森林所有者等との覚書・同意書の取り交わし（特にグループ認証）、従業員への教育訓練、計画・規程が遵守されているかどうかを確認する体制づくりが必要です。

CoC認証取得事業者の拡大と、認証材供給体制の構築

FM側だけで認証を取得するだけでは、認証森林から産出される木材を認証材として消費者に届けることはできません。地域の素材生産業者や製材業者、工務店などにも働きかけてCoC認証を取得し、認証材を販売する体制を地域一体となって作りましょう。

認証取得に向けたステップ②

CoC（管理の連鎖）認証について

CoC（管理の連鎖）認証は、加工・流通過程で、FM認証を受けた森林から産出された木材・紙製品が、認証を受けていない森林から生産されたものと混ざらないように適切に分別管理されていることを認証する制度です。FM認証を受けた森林から最終製品になるまでの間、製品の所有権を持つ全ての事業体が対象となることから、
- CoC認証を取得していない事業体に一度でも所有権が移ると、それ以降認証製品として取り扱えなくなります
- 加工や運送などの外部委託先には、管理方法について訓練を実施するなどして、適切に管理する必要があります
- 購入・製造・保管・販売等の各工程で、他の製品との明確な識別・帳票上での明示・記録の保管等が必要です。

CoC認証取得までの流れ

森林所有者や素材生産業者等が連携し、認証材の供給体制を作る計画を共有することが推奨されます。川上から搬出される資材のほとんどが認証材であれば、製材業者等にとっては非認証材との分別コストを低減できます。

1. 川上事業者との合意形成
2. 認証機関への問い合わせ
3. 認証機関の決定・契約
4. 審査準備※
5. 認証機関による事前審査※
6. 認証機関による本審査※
7. 認証機関による認証（書）発行
8. 年次監査・更新審査

※【審査基準】
1 対象範囲の決定
2 CoC運用方法の決定
3 CoCマニュアルの作成
4 文書・記録の整理
5 マネジメントシステムの運用

FM・CoC認証の連鎖

各事業者で証明書を発行して、認証が連鎖することで、初めて認証材として消費者に届きます。

認証形式の種類

CoC認証の取得形式

単独認証
拠点数の少ない単一の事業体が認証を取得する、最も取得例の多い認証形式です。

グループ認証
複数の事業体がグループを形成して認証を取得する認証形式で、一事業体当たりの取得費用を抑えることができます。
（独立した小規模の企業が対象）

マルチサイト認証
拠点数の多い単一の事業体や関連会社を多く持つ大規模な事業体で、複数の工程にまたがって認証を取得する認証形式で、拠点当たりの取得費用を抑えることができます。
（全拠点の管理者が同一であることが必要）

単一事業体

複数事業体

同一管理者（企業内）

プロジェクト認証
通常の認証とは異なり、事業体を認証するのではなく、建設・製造されるプロジェクト（建築物、イベントステージなど）そのものを認証する仕組みで、サプライチェーンを構成する事業体がCoC認証を取得していない場合などに利用されます。（全体認証と部分認証があります）

例：認証の家 — 全体認証　　例：認証の構造材、窓枠、ドア — 部分認証

CoC認証・管理のポイント

C認証の管理のポイントは、材料の調達段階では正材であることを文書で確認することです。また製造段階では識別管理がポイントになります。最後に販売段階では、ロゴマークの適切な使用が求められます。

調達	■ 調達先がCoC認証取得者であること ■ 調達先から発行される証票に認証材であることが明示されていること
製造・識別	■ 認証材と非認証材が混ざらないように識別管理され、販売先まで追跡可能であること ■ スタッフの教育及び内部監査が実施されていること
販売	■ 認証材製品であることを証票に明示すること ■ ロゴマークをつける場合は森林認証管理機関に使用の承認を得て、適切に使用すること
文書化	■ 管理手順が文書化されていること ■ 関連記録が保管されていること

計画的なサプライチェーンの構築

適正な規模とタイミングで認証を取得して確実に連鎖

- 森林所有者や森林組合、地域の協議会が FM 認証グループを、また素材生産、製材、加工までの工程ごとに複数事業者の CoC 認証グループを組織します。
- 水平、垂直連携のもと、足並みをそろえて同時並行的に認証を取得することで、認証の連鎖が期待できます。
- 水平、垂直連携の各代表者等により需給情報を確認し、適正な在庫管理、納期の順守を図ることができます。
- 顔が見えて連携しやすい地域単位など、適正規模のネットワークを構築することにより、一般住宅等への認証材の利用拡大を図ることができます。

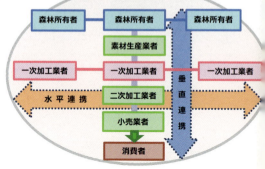

地域単位なら連携しやすい

森林所有者/素材生産者
- 施業集約化による効率的な木材生産や、認証取得費用の負担軽減が可能となります。
- 認証材の大量かつ安定した供給体制の構築と安定した販売先の確保が期待できます。
- 流通システムを垂直連携することで、林業関係者と消費者の繋がりを強化することができます。

一次加工業者（製材工場等）
- 森林所有者との直接取引により、流通コストを削減できます。
- 垂直連携することで供給体制の信頼性、在庫の状況などを相互に透明化することができます。
- 認証の連鎖をより確実に図ることができます。

連携の効果

二次加工業者（工務店等）
- 川下から要求される木材の品質や産地などの情報を林業関係者や製材工場等へフィードバックしやすくなります。
- 国産認証材を使用したことが証明された建築物や製品を最終消費者に提供できます。

最終消費者
- 認証製品を購入することで、持続可能な森林管理に貢献することができます。
- 製品に使われている木材の産出された森林を知ることで、愛着を持って使用することができます。
- 顔の見えやすい関係を構築することで明瞭な価格で購入することができます。

もっと詳しく知りたい方は

認証制度全般	FSC（特定非営利活動法人日本森林管理協議会） 〒160-0023 東京都新宿区西新宿 7-4-4 武蔵ビル 5F TEL:03-3707-3438 SGEC/PEFC ジャパン（一般社団法人緑の循環認証会議） 〒100-0014 東京都千代田区永田町 2-4-3 永田町ビル 4F TEL:03-6273-3358
森林経営計画等	林野庁森林整備部計画課 （全国森林計画班） 代表：03-3502-8111（内線 6144）
	木材加工・流通等	林野庁林政部木材産業課 （流通班） 代表：03-3502-8111（内線 6

● 口絵 p.i～vi の引用元
アミタ社 web サイト：おしえて！アミタさん https://www.amita-oshiete.jp/qa/entry/014508.php（2019 年 9 月 1 日閲覧）
林野庁 web サイト：主な森林認証の概要 http://www.rinya.maff.go.jp/j/keikaku/ninshou/con_3_1.html（2019 年 9 月 1 日閲
林野庁計画課（2016）：『森林認証取得ガイド【木材産業者向け】』同【森林所有者向け】』
林野庁計画課（2017）：『森林認証材普及促進ガイド 川上から川下までの森林認証材の安定的な供給体制構築に向けて』

森林認証への取組事例

▲ カナダの取組：カナダ林産業審議会バンクーバー州内陸の山林と林業風景

① ワルドフィルテル（森林区域）、ミュールフィルテル（風車区域）アッパーオーストリア州
② 北部亜高山帯
③ カルパチア盆地・ウィーン盆地
④ 南東環アルプス
⑤ 南部環アルプス
⑥ 東部・中間アルプス
⑦ 東部・内部アルプス
⑧ 北チロル、フォアアールベルク州

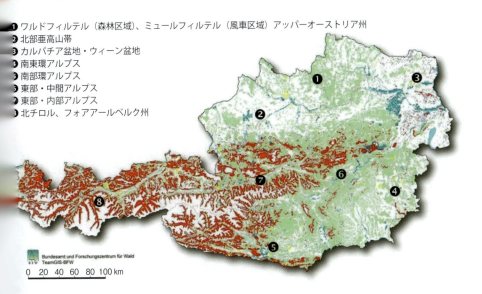

■ 経済的に活用される木質資源地区
■ 洪水、雪崩、土砂崩れなどの自然災害に対する保護地区
■ 空気や水資源のための保護地区
■ ツーリズムや保養などのためのレクリエーション地区

オーストリアの取組：森林区分により管理されている（提供：オーストリア　サステナビリティ・観光省）

森林認証への取組事例

▲ 王子グループの取組：天然林保護地区を持つセニブラ社のLagoa da Prata（銀の湖）社有林

▲ 王子グループの取組：製品パッケージでのFSCとWWFロゴの表示例

▲ 日本製紙の取組：ブラジルAMCEL社植林地　サバンナにユーカリの植林地を造成（PEFC森林認証とFSC森林認証の両方を取得）

▲ 日本製紙の取組：学校給食向けの紙パック牛乳（PEFCの説明をひらがなで掲載）

▲ 三菱製紙の取組：八戸工場で取得したCoC認証書

▲ 三菱製紙の取組：社有林を活かした環境教育活動「エコシステムアカデミー」体験

森林認証への取組事例

▲ 住友林業の取組：社有林の分布する地域ごとに整備したレッドデータブック（社員と請負事業体の作業員にも携行を義務付け）

▲ 住友林業の取組：SGECマークを表示した認証材柱の例

住友林業の取組：SGEC基準へ対応し、水辺林として保護した人工林（北海道）

▲ 三井物産の取組：高性能林業機械による施業。国産材の活用を広げるため、循環林で効率的な林業を追求

三井物産の取組：「三井物産の森」の管理された山林（新潟県）。管理区分「水土保護林」。全てが天然林及び天然生林で構成され、水を蓄えるブナが広がる

▲ 三井物産の取組：「三井物産の森」の管理された山林（北海道）。管理区分「文化的保護林」。山林内に存在するアイヌ伝承地など文化の保全と振興に協力

森林認証への取組事例

▲ 南三陸町の事例：復興の途上にある町内と南三陸湾を望む

▲ 南三陸町の取組：南三陸杉を使用した店舗什器

▲ チーム福島・認証材の取組：森林認証の普及促進に向けた情報交換の様子

▲ 浜松市の取組：天竜区役所内装。全国で初めて、公共建築物の一部にFSC認証材を使用した建物

▲ 浜松市の取組：浜松中部学園教室（FSC認証品の学童机・椅子）

森林認証への取組事例

▲ 静岡県の取組：静岡県富士山世界遺産センター展示棟内部（プロジェクト認証最終審査時）

▲ 静岡県の取組：センターの展示棟に使用された「木格子」（3次元加工されたピース）

佐藤木材工業の取組：東京五輪「新国立競技場整備事業」用の認証材出荷の様子

新産グループの取組：お客様に取組を紹介する「山へ行こうツアー」の伐採現場案内の様子

▲ 新産グループの取組：「山へ行こうツアー」の工場案内の様子

森林認証への取組事例

▲サイプレス・スナダヤの取組：原木と製材後のSGEC材保管状況。認証材を色別管理に管理（SGECは青色）

▲サイプレス・スナダヤの取組：最新鋭製材機械で認証材を加工する

▲ジャパン建材の取組：J-GREEN事業の販売PRの様子

▲ナイスの取組：木と住まいの大博覧会の展示ブースで森林認証材を紹介

▲ナイスの取組：47都道府県産材から供給される森林認証材の紹介

森林認証への取組事例

▲ ワイス・ワイスの取組:各々の技術を生かし生産される家具

▲ 宮崎県諸塚村の取組:2004年に村ぐるみでFSCの森林管理認証を取得。子どもから老人まで森林認証について語ることができる先進的な自治体となった

イトーキの取組:内装すべてでFSC認証材を使用した東京イノベーションセンターSYNQA

▲ イトーキの取組:「子どもエコクラブ」で「子どもエコクラブ」で子どもたちにFSC認証を説明する

五所川原農林高校の取組:チェーンソーによる実習の様子

▲ 五所川原農林高校の取組:書類審査に臨む高校生

xiii

序

　21世紀は環境の時代として幕を開けました。地球温暖化等の気候変動への対処は、温室効果ガスの排出削減と吸収の対策を行う「緩和」と、既に起こり始めている温室効果ガスによる影響への「適応」に大別されます。我々が実感できる日本の平均気温は、1898年(明治31年)以降では100年あたりおよそ1.1℃の割合で上昇し、特に、1990年代以降、高温となる年が頻繁にあらわれています。気温の上昇にともなって、熱帯夜(夜間の最低気温が25℃以上の夜)や猛暑日(1日の最高気温が35℃以上の日)は増え、冬日(1日の最低気温が0℃未満の日)は少なくなっています。また、1日に降る雨の量が100ミリ以上というような大雨の日数は、長期的に増える傾向にあり、「未曾有の雨量」や、「50年に一度の豪雨」などと報じられ、各地で災害が引き起こされています。そしてこれらは地球温暖化が影響している可能性があると報じられています。地球温暖化対策の中で、我が国の国土の約70％を占める森林の役割が重要視されるのは、森林が二酸化炭素の吸収源であること、再生可能な資源であること、山地や地盤の崩落を防ぐ効果があること、下流域の洪水を抑制する効果が期待できること、水源涵養に大きな働きがあること等々です。人と森林の関係はこれからも良好な関係を保っていく必要があり、種々の開発に対しても**持続可能(サステナブル)**であるかどうかの検討が必須になっています。

　我が国の森林状況を把握し、木材利用の時代を計画的かつバランス良く迎えるための方策のひとつとして**森林認証制度**があります。この制度は我が国ではあまり積極的に受け入れられないで今日を迎えている感がありますが、東京オリンピック・パラリンピックの施設建設を契機に注目が集まり、さらに開催が決定された2025年の大阪万博でも森林認証材を利用するとの資材調達ルールが準用されるとの報道もあります。森林認証とは何か、どう取り組むべきか、森林を利用する上でのサステナビリティを確保すること、そのことを他者に表示する意味を考えること等を考える上で役立てればとの思いで本書の出版を企

画しました。

　世界には様々な認証制度がありますが、本書で取り上げている森林認証制度は実際に日本で運用されている **FSC**®（1993年発足）、**PEFC**™（1999年発足）、および **SGEC**（2003年発足）で、SGECは日本版の認証制度としてスタートしましたが、2016年にPEFCと相互承認することで認証の国際化が図られています。認証制度は適切な管理がなされている森林を認証する **FM（Forest Management）認証**と、FM認証を受けた森林から産出された木材・紙製品を、適切に管理・加工していることを認証する **CoC（Chain of Custody）認証**の2つで構成されています。それぞれに特徴があり、各章での詳細な解説を参照いただきたいと思います。

　なお、本書では各地で取り組みが進められている事例の収集に努めました。林業、木材産業、製紙産業の中だけでなく、一般消費者に対しても説明し、普及する可能性のある住宅や家具、紙製品などの製造・流通に関わる全体としての現状と課題が示されています。

　本書ではさらに **SDGs（Sustainable Development Goals）**即ち、**持続可能な開発目標**についても森林認証制度との関係に触れています。他産業とともにより良い環境を志向する上で、種々の課題を知ることは重要です。

　現状では森林認証（材）は商売の役に立たないという声もあることは事実ですが、サステナブルな社会を構築するという大前提を国民的にも広く認識することは重要だと考えます。森林認証制度を理解し、今後の林業・木材産業の成長産業化を検討する上でご参考になればと思います。

　本書の出版にあたり多くの執筆者の方々のご協力をいただきました。改めて感謝申し上げます。また出版にあたっては海青社の宮内久氏・田村由記子氏にお世話になりました、ここに記して感謝申し上げます。

2019年9月

東京大学名誉教授　安藤直人

「FSC®」は Forest Stewardship Council®（森林管理協議会）の米国およびその他の国における登録商標です。
「PEFC™」は Programme for the Endorsement of Forest Certification の欧州およびその他の国における商標です。
本文中では®マークおよびTMマークは明記していません。

ライセンス番号は商標を使用する権利を有していることを示す番号です。
認証番号は、認証取得組織ごとに固有のものが与えられ、認証取得していることを示す番号です。

概説 森林認証

目　次

目次

序 ── 安藤直人　*1*

第1章　森林認証と森林管理 ────────────── 白石則彦　*7*

  1.　はじめに ── *7*

  2.　森林認証の便益 ── *8*

  3.　認証審査基準の構造 ── *10*

  4.　我が国の林業と森林認証 ── *12*

  5.　森林認証の費用について ── *16*

第2章　我が国における認証制度 ────────────────── *17*

  1.　FSC（Forest Stewardship Council、森林管理協議会）について ── 前澤英士　*17*

    （1）FSC の設立背景、目的 ── *17*

    （2）認証の種類 ── *19*

    （3）FSC の組織体制、意思決定 ── *21*

    （4）FSC 森林認証の展開 ── *23*

    （5）SDGs への貢献 ── *26*

  2.　SGEC/PEFC 森林認証制度 ── 中川清郎　*29*

    （1）SGEC/PEFC 認証制度の概要 ── *29*

    （2）SGEC/PEFC 認証制度の基本 ── *30*

    （3）SGEC/PEFC 認証の取得 ── *34*

    （4）今後の課題 ── *37*

第3章　これからの林業と成長戦略 ──────────────── *41*

  1.　日本林業再生と森林認証 ── 山田壽夫　*41*

    （1）はじめに ── *41*

    （2）我が国森林の変遷 ── *41*

    （3）我が国林業・木材産業を取り巻く状況 ── *43*

    （4）森林認証への取り組みと今後の期待 ── *49*

  2.　森林認証と標準化・SDGs ── 志賀和人　*53*

    （1）森林認証と持続可能な開発目標（SDGs） ── *53*

    （2）SGEC 森林管理認証と PEFC 規格改正 ── *56*

目　　次　　5

　　(3) 2020 年代戦略としての標準化と「緑の循環」——— 60

3. 林業、マーケットと SDGs(環境に対応した木材) ——— 山口真奈美 63

　　(1) 私たちの暮らしと森林 ——— 63

　　(2) 森林認証と認証ラベルを選ぶ意義 ——— 64

　　(3) SDGs(持続可能な開発目標) とアウトサイド・イン ——— 66

　　(4) SDGs と認証の関係性 ——— 66

　　(5) 持続可能な責任ある調達と調達方針 ——— 68

　　(6) マーケットと消費者ニーズ ——— 70

　　(7) エシカル消費との接点 ——— 72

　　(8) SDGs と成長戦略、そしてその先へ ——— 73

　　(9) 海外事例にみるマーケット ——— 74

　　(10) 選択の基準がもたらす持続可能な社会 ——— 74

4. 森林認証と林業革命 ——— 速水　亨 76

　　(1) 私にとっての認証とは ——— 76

　　(2) FSC ができる過程 ——— 77

　　(3) 私と認証との出会い ——— 78

　　(4) FSC から他の認証の発足へ ——— 79

　　(5) 認証に対応した森林管理 ——— 82

　　(6) FSC を利用した行政コストの低減 ——— 85

　　(7) 今後の FSC ——— 87

5. 森林認証材と木材輸出 ——— 安藤直人 90

　　(1) 木材需要の変化とその背景 ——— 90

　　(2) 木材輸出の現状 ——— 91

　　(3) 森林認証材と木材輸出 ——— 92

　　(4) 木材輸出と木材輸入 ——— 93

第 4 章　五輪と森林認証 ——————————————— 上河　潔 95

　1. オリンピック・レガシー ——— 95

　2. オリンピックの持続可能な木材製品の調達基準 ——— 96

　3. オリンピックを契機にした森林認証の普及促進 ——— 104

第5章　森林認証の取組事例 ——————————————————— *107*

1. 進歩するカナダの森林認証 ————————— カナダ林産業審議会 *108*
2. オーストリアの事例 ——————— オーストリア大使館 商務部 *110*
3. 森を育てる王子グループ ————— 王子ホールディングス株式会社 *116*
4. 持続可能な原材料調達と社会のニーズに応える森林認証製品の供給

——————————————————— 日本製紙株式会社 *122*
5. 三菱製紙株式会社の取組 —————————— 三菱製紙株式会社 *130*
6. 住友林業の取組 ———————————— 住友林業株式会社 *136*
7.「三井物産の森」での多面的な取組 ————— 三井物産株式会社 *146*
8. 南三陸町における FSC 森林認証を活用した取組

——————————————— 南三陸森林管理協議会 *156*
9. チーム福島・認証材の取組 ————————— 物林株式会社 *162*
10. 浜松市における FSC 森林認証への取組 ——— 天竜林材業振興協議会 *166*
11. 富士地区林業振興対策協議会による静岡県富士山世界遺産センター

「木格子」プロジェクト認証 ————— 静岡県富士農林事務所 *172*
12. 佐藤木材工業と森林認証 ————— 佐藤木材工業株式会社 *178*
13. 地産地消の天然乾燥木材のすまいづくり

——————— 多良木プレカット協同組合（新産グループ） *184*
14. サイプレス・スナダヤの取組 ——— 株式会社サイプレス・スナダヤ *188*
15. 木材建材流通における森林認証 ————— ジャパン建材株式会社 *194*
16. ナイス株式会社の取組 ————————— ナイス株式会社 *198*
17. 森をつくる家具 ——————— 株式会社ワイス・ワイス *204*
18. イトーキの取組 ————————— 株式会社イトーキ *208*
19. 我が校での認証取得への挑戦 —— 青森県立五所川原農林高等学校 *210*

引用・参考文献 ——— *218*
索引・用語解説 ——— *219*

第1章　森林認証と森林管理

1. はじめに

　一般に「認証」とは、あらかじめ決められた基準に照らして第三者機関が審査を行い、その基準が満たされていることを認定するプロセスである。製品には、審査に適合したことを示す象徴的なラベルが添付されることも多い。消費者は、そのラベルを商品選択の要素のひとつに加えることが期待されている。

　環境に優しく、社会に受け入れられ、経済的に持続できる森林管理から生産された木材製品にラベルを貼り、消費者はそのラベルを目印に購入することで市場ベースで望ましい森林管理を導くため、森林認証制度が開発された。森林管理を対象としたこの認証制度の歴史は比較的新しく、1980年代以降である。その頃、東南アジアやアフリカ、南米等の熱帯地域の途上国から日本やヨーロッパ、北米の先進国に向けて大量の木材が輸出され、熱帯天然林の減少・劣化が大きな問題となった。ヨーロッパを起点に一部の環境団体が熱帯木材に対してボイコット運動を展開し、それはやがて市民運動にまで広がっていった。しかしすべての熱帯木材が熱帯林の破壊から産み出されているわけではない。熱帯木材のうち持続的森林管理から生産されたものを区別するため、有力な環境団体のひとつ「地球の友（Friends of Earth）」により今日の森林認証制度の原型となる仕組みが考案されたといわれている。

　認証機関や輸入商社等が独自に開発した森林認証制度が複数併存した時期を経て、中立・公正で信頼性の高い森林認証制度を開発するため、1993年にFSC（Forest Stewardship Counsil、森林管理協議会）が設立された。また1992年のブラジル・リオにおけるUNCED（国連環境開発会議）において、先進国・途上国を含むすべての国が自国の森林の保全に責任を持つべきという「森林原則声明」が採択され、ヨーロッパではヘルシンキ・プロセスと呼ばれる地域イ

ニシアティブの創設に至った。80年代末にベルリンの壁が崩壊し、「ひとつの
ヨーロッパ」の機運が盛り上がっていた時期でもある。環境に対する意識も大
いに高まっていた。このヘルシンキ・プロセスを母体に1999年、PEFC（Pan-
European Forest Certification System）が起ち上がり、木材輸出国／輸入国を問
わず、いずれの国も「ダーティな木材は使うべきでない」という趣旨の下、加
盟国がそれぞれ自国の自然環境や社会経済の状況に沿った森林認証制度を開発
することになった。そして2001年にはPEFCにアメリカとカナダも加わった。
この期に及んでPEFCは略称はそのままに、Programme for the Endorsement
of Forest Certificaion Shemesと名称を変え、世界に展開する森林認証制度と
して今日に至っている。2018年12月の時点で、FSCとPEFCそれぞれの制度
によって認証された森林面積は2億96万haと3億947万haに達し（森林・林業
白書平成30年度版より）、これは世界の森林面積約40億haの5.0％、7.7％に
相当する。

2. 森林認証の便益

　森林認証制度は「制度」のひとつであるが、例えば森林計画制度のように法
律等で規定されたものでなく、それに関わるアクター（関係者）の規範や利害等
に基づく自発的取り組みと位置づけられている。森林認証制度のアクターとし
ては、木材の生産から消費に直接関わる立場として林業経営者と中間の加工流
通業者、そして消費者がすぐに思い浮かぶ。この三者は木材や林産物というモ
ノの流れになぞらえて、それぞれ「川上」、「川中」、「川下」と呼ばれることも
ある。三者は商品である紙や木材、林産物を販売、購入するという経済的な関
係で結ばれており、森林認証制度が市場ベースといわれるゆえんである。需要
側がロゴマークを目印に、認証製品を選択的に購入することで望ましい森林管
理を支援するというシナリオに基づいている。この三者以外にも森林管理に一
定の責任を負う国や地方自治体、それらに影響を及ぼしうる環境団体やマスコ
ミ、さらに広く森林の公益的機能の恩恵に浴する住民等も広義のアクターに含
まれるであろう。こうした様々な立場の関係者に直接あるいは間接的にでも便
益をもたらすことができれば、森林認証制度は社会で認知され、浸透していく

であろう。

ヨーロッパでPEFCの設立準備がされていた頃、森林認証制度を導入する意義等に関してヨーロッパ森林研究所（EFI）がレポートにまとめている（Stephen Bass, 1997）。それによれば森林認証制度が目指すべき目的あるいは得られる便益として、大別して3つ考えられると述べている。

第1は、森林認証が普及し森林の管理水準が高まることで、本来政府が負うべき森林を監視する負担が軽減され、政府は人的・経済的資源をより高度なものに振り向けることができるようになるとしている。また森林管理の水準が高まることで公益的機能も高まり、森林の周辺や下流域も含めた不特定多数の住民もその恩恵に浴することができるようになる。これらは政府と公共の便益ということができる。多くの環境保護団体が森林認証制度を支持しているのもこのことが根拠になっていると思われる。

第2は、先に述べた「川上」と「川中」が森林認証に取り組むことで、特別な市場への参入機会を得たり、認証製品から価格プレミアムを得たりする可能性が生まれることである。これは供給者にとってビジネス上の直接的・経済的な便益といえる。ここでいう特別な市場とは、例えば政府が公共建築物を建てる際にはグリーン調達方針が課せられ、環境や持続性に配慮した材料を使うことが求められており、木材に関して認証木材は要件を満たすものとして例示され使用が推奨されている。また価格プレミアムは森林認証制度が考案された当初より、消費者を巻き込んでこの制度を普及させる駆動力として期待されてきたことである。

そして第3は、森林認証の要求事項に応えることを通じて、林業経営体の内部で体質強化が図られることである。この体質強化には、林業労働者の技能や士気の向上、管理者にとってもリスク管理能力が高まることなどが含まれる。

以上の通り、森林認証制度が普及して森林の管理水準が高まればその便益は直接のアクターを含め広く社会に還元される構造となっている。そもそも森林は、私有地・私有財産であっても、公共性を有することが認められている。山地・水源地に広大な面積を占め、適切な森林管理・林業経営を通じて山地災害を防止したり水源をかん養したり、生物多様性を保全したりするなどのいわゆる公益的機能を発揮している。林業経営を支援するため、造林や間伐等の保育

作業に補助金がでているのも、森林の持つ公共性ゆえであることは広く理解されている。森林認証制度は、ビジネス上のインセンティブ(動機付け)を内包しており、それが適切な形で運営されるなら、森林計画制度等の法律と補完的に森林整備、林業振興を推進するツールとなり得るのである。

3. 認証審査基準の構造

　始めにも述べた通り、森林認証制度はあらかじめ決められた審査基準に照らして、林業経営体が適切な森林管理を行っているかを審査するプロセスである。土地産業として類似していると言われる農業と比較しても、林業は経営期間が極めて長期にわたること、人工林であっても生育条件を完全に人為でコントロールできないこと、水源かん養や山地災害防止などの公益的機能を期待されていること、などの点が大きく異なる。経済や社会の側面を持つことは農業と共通点が多いが、特に環境の側面は林業や森林管理の独自性が強い。こうした背景から、環境・経済・社会の全般にわたり森林管理を審査する基準は極めて多岐にわたる。

　認証制度全般を統制する国際標準化機構(ISO)の基本的な考え方として、PDCAサイクルがある。これはPlan→Do→Check→Actionを繰り返しながら、目標に到達することを目指すものである。ISO14001いわゆる環境マネジメントシステムでは、例えば紙・ゴミ・電気の使用量・発生量を削減するため、目標と期限を決めて(Plan)、皆で削減に努め(Do)、定期的に削減の進捗を監視し(Check)、そのデータを検討して減らない原因を究明したり次なる目標を定めたりして(Action)、さらなる改善を図るという構図である。

　ISO14001の環境マネジメントシステムによる紙・ゴミ・電気の削減を典型例として、PDCAサイクルが適切に回り目標に近づいていく仕組みができている状態をシステムが整備されていると呼ぶ。そのための認証審査の基準はシステム基準と呼ばれる。システム基準の多くはマニュアルやガイドライン、組織図などの文書整備が中心である。ISO14001は様々な業種や分野に幅広く適用できるという特徴があり、審査の対象すなわち取り組みの範囲と目標の水準を自分で決めることができる。そのため最初は限定的な範囲から始め、次第に範囲

3. 認証審査基準の構造

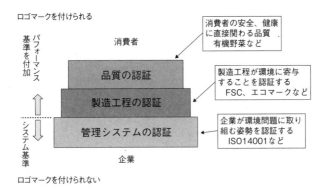

図1-3-1　認証システムの階層構造

を広げ、目標を高めていくといった段階的な取り組みも推奨されている。このような高い自由度の裏返しとして、システム整備だけの認証取得では客観的な水準の評価にはならず、製品にラベルを貼ることもできない。例えばある企業が事務部門で電力消費量やゴミ排出量の削減に取り組んだとしても、それは製品の製造工程とは関連が薄いため、その企業が生産する製品に環境ラベルを貼ることは認められないと考えれば理解しやすいであろう。

これに対して、製品に環境ラベルを貼るためにはパフォーマンス基準に適合することが求められる。我が国で環境ラベルの代表格であるエコマークは、その製品の製造工程全般および使用過程において環境によいとされる製品に貼ることが認められている。森林認証も、製造工程すなわち森林管理が認証される仕組みである。

製造工程に加えて、さらに高度な要求事項に適合したことを認証するものとして、農作物の有機栽培などの認証制度がある。有機認証は、農薬や化学肥料を使わないこと、それらの影響が周辺の農地から及ばないことなどを厳格に求め、農作物の食品としての安全・健康に関わる品質までも保証するものとなっている。

認証審査の対象と範囲により大別するなら、「管理システム」、「製造工程」、「品質」に3区分できよう。これらの関係を視覚的に表すと図1-3-1のようになる。3者が積み重なっている関係の意味するところは、上位が下位を必然的

表1-3-1　労働安全に関わる基準4.2および8つの指標

4.2	森林管理は、労働者やその家族の健康や安全に関する全ての関連法律や関連規則を満たさなければならない
4.2.1	管理者は労働安全に関する法規・指針を熟知している
4.2.2	管理者はリスクアセスメントを実施して起こりうる危険を予知し、軽減または回避する措置を講じている
4.2.3	作業者に安全訓練が施されている
4.2.4	作業者に作業内容に応じた安全装備が支給されている
4.2.5	管理者は安全装備を確実に使用するよう対策を施している
4.2.6	管理者は事故の記録を残し、同様の事故が起こらないよう対策を講じている
4.2.7	事故に補償が出る
4.2.8	国が定める最低限の安全衛生水準を確保している

に伴うということである。「製造工程」を認証するためには「管理システム」が確立していなければならず、「品質」の認証には確かな「管理システム」と「製造工程」が不可欠である。

　森林認証制度は、製造工程の認証である。林業経営における製造工程には、林道開設や立木の伐採など環境負荷の高い作業が含まれ、また労働安全衛生の問題もある。それらの実態を審査するため、一定水準に達しているかを評価するパフォーマンス基準が必要である。さらに、その製造工程を規定する計画やマニュアル、ガイドラインなどの文書類の整備状況をチェックするシステム基準も必ず含まれる。林業経営の管理水準を継続的に高めていくため、システム基準とパフォーマンス基準のほどよいバランスが重要である。

　表1-3-1の例は、FSC森林認証制度の審査機関の一つであるSoil Associationが開発した労働安全に関する汎用の審査基準である。Soil Associationは世界中で森林認証審査を手がけているが、国別の基準が開発されていない場合に適用される。基準4.2.1から4.2.7はいわゆるシステム基準で最後の4.2.8がパフォーマンス基準と区分できる。適切なシステムを整備して運用していくことでパフォーマンスも向上するという構造である。

4. 我が国の林業と森林認証

　森林認証制度の意義や、それからもたらされる便益が主に3種類あることは

先に述べた。しかしそれらは総じて一般論である。森林認証制度のとらえ方は、国や地域、林業経営体の規模、経営者の考え方などにより様々である。

FSCの制度の下で本格的に認証活動が始まった1990年代半ば以降、早い時期に大面積にわたりFSC森林認証を取得したのはスウェーデンの大規模林産企業群であった。スウェーデンは1980年代に国有林を有力企業に払い下げ、社有林を保有する林産企業が林業の中心的存在となった。そこでは従来より国有林による森林管理が確立していたため、認証取得は比較的容易であった。これに対し、そのスウェーデンに隣接するフィンランドは、小規模な個人所有の森林が多く、大規模に認証森林を拡大させることは困難であった。認証木材市場が立ち上がりつつあった欧州において、認証木材を供給できないという不利益を回避するため、フィンランドは独自の認証制度を開発することにした。そしてEU各国にもそれを推奨し、国ごとに開発した森林認証制度を承認してあたかもひとつの認証制度のように動くPEFCの設立にリーダーシップを発揮した。フィンランド独自の森林認証制度においては、所有者単位、所有者グループのほかに地域という認証取得単位を設けているのが特徴である。この地域とは、我が国で例えれば国有林の各森林管理局の広がりに近いものである。森林・林業の統計を取りまとめる単位となっており、認証審査でチェックされる成長量や伐採量などの数量は主に林業統計が用いられる。こうした設計により認証審査も簡素化され、その結果、2000年代始めには国内の森林、特に生産林の大半を認証林とすることに成功した。

スウェーデンもフィンランドも林業は国の基幹産業と位置づけられ、木材は重要な輸出品である。スウェーデンは既存のFSCを選択し、フィンランドは独自に認証制度を開発し、取り組み方は異なるように見えるが、両者とも木材輸出に認証の取得が必須と考え、また認証材と非認証材を分別する手間を極力省こうとしている点は同じである。特にフィンランドでは、小規模所有というハンデを認証制度側が設計によって巧みに回避しており、そこには認証制度の導入により既存の林業のあり方を変えようとする意図は見えない。

これに対して我が国の林業は、全産業合計に対するGDP比や労働者人口比で見ても0.1%にも満たない弱小産業である。労働者の高齢化や不安定な雇用形態、高い労働災害率、低い生産性、森林所有者の林業離れなど、林業を取り

表1-4-1 森林の所有形態に応じた望ましい森林認証の形

森林の所有形態・規模		望ましい認証の形	森林認証の便益
公有林		単独認証または グループ認証の起点	多面的機能の発揮、 地域林業振興の中核
私 有 林	小規模私有林	グループ認証	経営規模の拡大、 地域振興、地産地消、 加工施設との交渉力
	様々な規模・所有形態	様々な中間的形態	様々な便益
	大規模社有林	単独認証	ビジネス上のニーズ

巻く社会環境は極めて厳しい。木材輸出も、近年になって増加傾向にあるが、未だ限定的である。主に輸出国側が中心となり世界標準として開発された森林認証制度に対して、我が国はどのような姿勢で取り組めばよいのだろうか。それは一言で言えば、森林認証の取得を通して上で述べたような我が国の林業の弱点を改善に向かわせるものでなければならない。

我が国の森林政策は、2001年に森林・林業基本法が制定されて林業の振興と森林の多面的機能の高度発揮が二本柱に据えられた。また2010年に森林・林業再生プランが策定され、林業の成長産業化が掲げられた。これらを実現するため、森林経営計画制度やごく最近では森林経営管理制度が導入されている。こうした施策の方向性としては、施業の団地化による効率的・安定的木材生産、また自ら管理できない森林所有者に代わって意欲と能力のある事業体への管理委託である。そして市町村が、その管理や計画の中心的役割を担うこととなっている。こうした新たな森林管理・林業経営の枠組みと、森林認証は基本的に相性のよい関係にある。森林の規模や所有形態に応じた望ましい森林認証の形について、**表1-4-1**にまとめて示した。

そのひとつの雛型は、森林組合等によるグループ認証である。森林組合長または自治体の首長を資源管理者として、地域の小規模所有者をまとめて経営規模を拡大し、森林認証の要求事項に沿った管理を行いつつ、林業経営の実利を上げていこうとするものである。この形の認証林経営では、地域産の認証材を使った住宅建築に補助金を出すなど、自治体による支援がある事例も少なからずある。地産地消の実現や地域振興、雇用の確保など社会的視点がうかがわれ、川中・川下を巻き込んだ地域ぐるみの取り組みと言える。

4. 我が国の林業と森林認証　　15

　もうひとつの雛型は、製紙会社など企業による大規模な社有林経営の認証取得である。そうした大企業は調達方針に認証材料を優先させるなど森林認証に積極的に取り組んでいるところが多く、環境配慮を意識したビジネス上のニーズに基づいていると言える。

　そしてこれらふたつの両極端な規模・所有形態のあいだに、多様な中間的規模・所有形態の認証林経営が存在しうる。例えば県有林や市有林が核となって認証を取得し、周辺の私有林を取り込んで規模の拡大を図る、などである。

　地域で森林認証をてこに林業振興を図ろうとする際に重要なポイントは、「川上」の林業だけでなく「川中」の加工施設との連携も併せて検討すべきということである。もし地域に品質管理が確かな大規模加工施設があるなら、そこにまとまった量の認証材を安定供給することがひとつのビジネスモデルとなる。これをメインストリーム(主流)型と呼ぶことにする。その加工施設に年間どれくらいの素材を供給するかにより、認証森林の面積規模も決まってくる。もし地域にそうした有力な加工施設がないなら、環境配慮という認証材の特別な付加価値を評価してくれる業者を探して取り引きすべきである。これをニッチ(隙間)型と呼ぶことにする。メインストリーム型とニッチ型はビジネスモデルとして全く異なるアプローチであり、いずれも極めて意図的に取り組まなければならない。

　我が国においては認証された森林面積やそこから生産される素材の割合は未だ全体の1割程度に留まっており、いわばマイナーな存在である。現状では地域で生産された比較的少量の認証材は加工流通過程で散逸し、CoC認証非取得加工業者の手に渡ったりして認証の連鎖が途切れるケースが多い。また大規模施設に少量の認証材を提供しても、分別の手間を惜しんで敢えてCoCを繋げないという事例を聞いたこともある。それらの結果として、先に述べた認証の第2の便益が「川上」に還元されていないことが多いと思われる。森林認証の取得を単なる「勲章」や話題づくりに終わらせず地域で林業振興に役立てるため、現状の林業のやり形や規模、加工施設との関係性をよく検討し、望ましい形を模索することが重要である。実は、制度や補助金、既存の商習慣に縛られてきた林業界に、自ら知恵を出す体質を与えることが森林認証の本当の便益といえるかも知れない。

5. 森林認証の費用について

　森林認証においては最初に取得する際に本審査を受審し、取得した後は毎年の年次監査を受けることになっている。5年をサイクルとして審査のたびに発生する審査費用は、林業経営を営む「川上」側に認証取得をためらわせたり、あるいは一度取得したにもかかわらず離脱する主な原因となっている。

　そこでひとつの考え方として、審査費用そのものでなく、5年間の審査費用の合計を5年間の素材生産の総量で割り、単位材積当たりに平均した認証費用（円/m^3）を計算してみてはどうだろうか。オーダーとしては認証費用は数百万円、素材生産量は数千〜数万〜数十万m^{3}ほどであろう。筆者の概算では、国内で木材生産を経営の主目的としない認証取得者を除き、m^{3}当たり認証費用がもっとも高いところで約200円、最も安いところでは30円ほどである。市場での素材のm^{3}当たり平均単価約1万円と比較して、認証審査費用はそれほど大きなものではないのである。

　しかしながら、それでも審査費用の負担感が大きいと感じる場合は、認証森林の規模を拡大することを推奨する。認証森林面積が2倍になっても審査費用は2倍にはならないので、単位材積当たりの認証費用は低減するはずである。さらに踏み込んで、もし近隣に認証を取得している別の経営体があるなら、統合することも検討に値すると思われる。単独で認証を取得・維持することがもはや「勲章」にはなりにくいほど、時間が経過し森林認証は普及しているのである。

（白石則彦）

第2章　我が国における認証制度

1. FSC®(Forest Stewardship Council®、森林管理協議会)について

(1) FSCの設立背景、目的

1980年代頃から、熱帯林破壊に対する人々の懸念は国際的広がりを見せ、80年代中期に熱帯林行動計画(TFAP)と国際熱帯木材機関(ITTO)という熱帯林を巡る2つの国際的取り組みとなって現れた。その後世界全体の森林を対象とし、森林の量・質両面の問題として扱われるようになり、特に1992年のブラジル・リオデジャネイロでの国連環境開発会議(地球サミット/UNCED)開催以降、人々の関心は単に熱帯林だけでなく温帯林、北方林を含めたものになっていった。

一方、"持続可能に管理された森林"からの製品を求める声に反応し、多くの異なったラベルが林産物に付けて宣伝され(例:「1本伐るごとに2本植えています」など)、消費者には真偽の判断がつきかねる環境ラベルの"氾濫"を招いた。イギリスでは、80の木材や紙製品に付けられた環境に関する宣伝内容のうち、その一部でも実証することができたのは3つだけという調査結果も出ている。

森林問題への政府間での国際的な対応や各国の取り組みは、複雑な利害関係が絡むためか残念ながら効果をあげてきているとは言い難く、各国での森林関連の法律の遵守にも財政的・人的資源の制約があるところもあった。こうしたなか、NGOや民間企業等が問題の実質的な解決に向けて協調し、自ら実施できる取り組みの検討を始めたのである。1992年の地球サミットにおいて、森林管理について法的拘束力のある合意に至らなかったことも、新たな解決手段の必要性が再認識され、市場を介在したメカニズムの開発に拍車をかけたと言えよう。

1990年、林産物の生産・流通に関わる企業、環境団体、人権問題に関わる団体の代表者が集い、それぞれの利益を満たした林産物の供給源として認めることができる、適切に管理された森林を識別するための信頼できる制度の必要性が確認された。そして、3年間にわたり各国で協議を重ね、様々な形で行われている認証制度を確認し、困惑を避け、信頼に値する制度を確立しようと、1993年10月にカナダで設立大会が開催された。環境団体、林業者、木材取引企業、先住民族団体、地域林業組合、林産物認証機関など異なったグループの代表者ら25か国130人により、非営利の会員制組織FSCの設立が票決され、翌1994年にメキシコ・オアハカに本部を設立し、正式に活動を開始している。

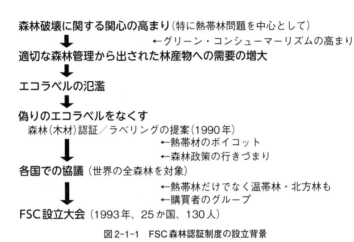

図2-1-1　FSC森林認証制度の設立背景

FSCの目的は、環境保全の点からみて適切で、社会的な利益にかない、経済的に継続可能な世界の森林管理を推進することであり、そのための独立した信頼性の高いラベリングシステムを国際的に提供することにある。ラベルを付けた製品が、環境・社会・経済に配慮された基準を満たしていると評価され認証を受けた森林から来ているものであるということを、消費者に保証する。消費者は、そのマークの付いた製品を市場を通じて選ぶことで、そうした高い基準の森林管理を後押しする。違法伐採をなくし、持続可能な森林管理を進めることに、自らの選択により参加できることになるのである。それまで林業者と環境保護団体等が互いの主張を言い合っても先へと進めなかったものが、こう

したシステムを作ることで、互いの主張を尊重し合い、世界の森林保全へと具体的に歩を進めることになったのである。

独立した第三者機関が、森林管理をある基準に照らし合わせ、それを満たしているかどうかを評価・認証していく制度を一般的に「森林認証制度」と呼ぶが、当初より世界中全ての森林を対象とし、ラベリングを伴う形で実施されたものは、FSCのみである。各国で別々に存在している制度を相互承認を重ねて展開してきた制度とは、性格を異にしている。国際社会環境認定表示連合（ISEAL）は、労働者の権利、持続可能な暮らし、生物多様性の保全など、社会・環境の持続可能性の課題等に関する規準を定める国際機関であり、そのメンバーになるには様々な規範を満たさなければならない。FSCは森林認証制度で唯一のメンバーとなっている。

(2) 認証の種類

FSCの制度では、審査はFSCが直接行うものではなく、FSCの定める規格に基づき審査できる能力・体制等を備えていると認定された認証機関により行われる。

その機関の認定、パフォーマンスの評価等を行うのはAssurance Services International（ASI）が現在行っている。ASIはFSCだけでなく、海洋管理協議会（MSC）、水産養殖管理協議会（ASC）、持続可能なパーム油のための円卓会議（RSPO）、持続可能なバイオ燃料のための円卓会議（RSB）、持続可能なバイオ

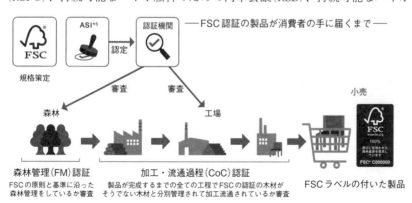

図2-1-2　市場を通じた取り組み／認証の流れ

FSC® 森林管理のための 10 の原則

原則 1：法律の遵守（法律や国際的な取り決めを守っている）
原則 2：労働者の権利と労働環境（労働者の権利や安全が守られている）
原則 3：先住民族の権利（先住民族の権利を尊重している）
原則 4：地域社会との関係（地域社会の権利を守り、地域社会と良好な関係を保っている）
原則 5：森林のもたらす便益（森林のもたらす多様な恵みを大切に活かして使っている）
原則 6：森林の多面的機能と環境への影響（環境を守り、悪影響を抑えている）
原則 7：管理計画（森林管理を適切に計画している）
原則 8：モニタリングと評価（管理計画の実施状況を定期的にチェックしている）
原則 9：高い保護価値（HCV）（保護すべき価値のある森などを守っている）
原則 10：管理活動の実施（管理活動を適切に実施している）

＊この原則の下には 70 の基準があり、さらに、基準の下に約 200 の指標がある。これが
森林管理認証審査でのチェック項目になっている。

図 2-1-3　森林管理のための FSC 原則

マスプログラム（SBP）、世界持続可能観光協議会（GSTC）といった自主的な持続可能性規格やイニシアティブに対して、制度の信頼性と影響力を高めるための活動を展開している独立した国際機関である。

　現在、日本国内で認証サービスを提供している認証機関は 6 社で、その内 FM 認証のサービス提供実績がある認証機関は 2 社。多くは、認定を受けた海外の認証機関の国内提携先となっている。

FM（Forest Management、森林管理）認証：「環境保全の点からみて適切で、社会的な利益にかない、経済的に継続可能な世界の森林管理を推進する」ため、環境・社会・経済の各利害関係者との協議を経て作成された「森林管理のための原則、基準、指標」に基づき行われる。実際の運用へ向けては、各国等の実情を反映した国内指標が検討される。日本でも、FSC 指針・規格委員会により正式に承認された後、2018 年 11 月 15 日に公開されている。

CoC（Chain of Custody、加工・流通過程）認証：FM 認証を取得した森林から生産された材を使用した製品であること、つまり加工・流通過程を経る中、認証材以外の木材と混ざっていないことを確認するもの。この CoC 認証を取得しないと製品に FSC のロゴマークを付け FSC 認証製品と主張することはでき

1. FSC（Forest Stewardship Council、森林管理協議会）について　　*21*

ない。FSC認証製品が消費者の手に届くまでには、小売を除く、生産、加工、流通に関わるすべての組織が認証を受ける必要がある。

管理木材

　また、認証されたもの以外に管理木材と言われる以下の事項をすべて満たしたものについては、一定の規定の下、認証原材料に含められる。

- 違法に伐採された木材でないこと
- 伝統的権利や市民権を侵害して伐採された木材でないこと
- 森林施業により高い保全価値が脅威にさらされている森林から伐採された木材でないこと
- 天然林が農地など森林以外の土地へ転換される際に伐採された木材でないこと
- 遺伝子組み換え樹木が植林されている地域から伐採された木材でないこと

　この管理木材についての確認手法等についても、国内関係者で検討を行い国内版が正式承認されている。

　FM認証、CoC認証ともに5年間有効だが、認証を保持するためには、認証機関による1年に1回の監査に通らなくてはならない。その際、不遵守が見つかった場合は審査機関により改善要求が出され、一定期間内に改善することが求められる。

　また、認証には1つの組織単独で取得する方法と、グループで取得するグループ認証、複数の拠点を含めるマルチサイト認証という方法があるとともに、建造物や船、イベント会場などの一度しか作らないものに対する認証としてプロジェクト認証がある。FM認証やCoC認証と違い、プロジェクト認証は1回きりのもので、有効期限はない。

(3) FSCの組織体制、意思決定

　本部Forest Stewardship Council A.C.（森林管理協議会）は、国際的な非営利会

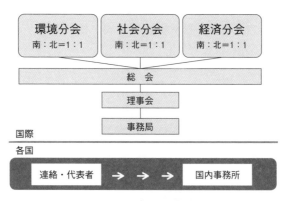

図2-1-4　FSCの組織体制

員制組織としてメキシコに法人格を置き設立された。その後2002年に、FSC事務局機能を実質的に司るFSC International Center GmbHがドイツ連邦共和国の法律に基づき非営利の有限責任組織としてボンに設立され、認証基準・方針の策定等を行っている。

　本部機能は、総会、理事会、事務局とに大きくわかれ、その後本部と契約を交わした組織等が各国事務所としてFSCの窓口機能を果たす。現在41の各国事務所があるが、日本では2006年に特定非営利活動法人 日本森林管理協議会（FSCジャパン）が設立され、本部と正式に契約を交わし、FSCの普及・推進に取り組んでいる。

　FSCは、環境・社会・経済に配慮した森林管理を推進するが、それを担保するための意思決定方法はFSCの根幹をなすものの一つである。総会が最も高い権限を有し、FSC会員は動議を出すことができる。総会での票決に際して会員は、環境・社会・経済の利害に関わる分会（Chamber）に分かれ、各分会には投票権が平等に配分される。さらに、各分会内における投票権も開発途上国と先進国からの代表者に分かれた副分会にそれぞれ平等に配分される。つまり、環境・社会・経済の各利害関係者間のバランスだけでなく、経済状況のバランスにも配慮してなされる。さらに補足すると、FSC国際メンバーには、個人と法人があり、個人メンバーの投票は各副分会全体の10％、法人メンバーは90％になるように調整される。

FSCと組織の関係に関する指針

　FSCでは、認証取得者を含むFSCと関係する全ての組織は、FSCの許容しない森林管理に直接的・間接的に関与することは認めないという「組織とFSCとの関係に関する指針」を定めている。FSCの目的とは相反する森林破壊を行いながら、一部の限られた森林のみで適切な管理を行い、FSC認証とそれに伴う社会的評価を利用するいわゆる"グリーンウォッシュ"を防ぐためのものである。

　FSCと関係する組織として許容できない活動とは、以下のものである。

　a）違法伐採、または違法な木材または林産物の取引
　b）森林施業における伝統的権利および人権の侵害
　c）森林施業における高い保護価値（HCV）の破壊
　d）森林から人工林または森林以外への土地利用への重大な転換
　e）森林施業における遺伝子組換え生物の導入
　f）国際労働機関（ILO）中核的労働基準 への違反

　これらに対する違反が報告されると、FSCでは苦情解決手順に基づき苦情調査委員会を立ち上げ、関連資料の収集、現地調査、利害関係者への聞き取りなどの調査を行う。調査の結果、違反が認められた組織には、FSC理事会より関係断絶が申し渡される。

(4) FSC森林認証の展開

　2019年7月4日現在、FM認証は84か国にまたがり、計1,638件、総認証面積は199,763,958 haで日本では35件、総認証面積414,927 ha。CoC認証は125か国、計38,368件。上位から、中国8,210件、イタリア2,438件、アメリカ2,420件、イギリス2,262件、ドイツ2,237件、ポーランド1,951件に次いで日本1,442件となり、日本は世界で7番目となっている。

　昨年11月にFSCが公表した分析結果によると、FSC森林認証面積は、世界の森林面積のおよそ5％を、また世界の生産林のおよそ17％を占める。毎年約4億2,300万立米の木材がFSC認証林から伐採されており、これは世界の産

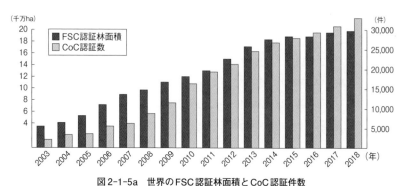

図2-1-5a　世界のFSC認証林面積とCoC認証件数
資料：FSC認証データベース（2003年1月から2018年1月まで）より作成

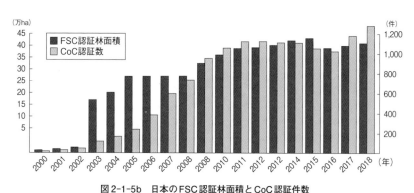

図2-1-5b　日本のFSC認証林面積とCoC認証件数
資料：FSC認証データベース（2000年1月から2018年1月まで）より作成

業用丸太生産量の22.6％を占め、薪炭材を含めると11.3％をFSC認証材が占めることになる。

　実際のFSC認証製品は、木材、建物、家具、木工品から紙、本ほか各種印刷物として世界中に出回っている。非木材林産物も含まれ、籐家具、竹製品ほか食用の蜂蜜、メープルシロップ、キノコもある。ゴムの樹液を使ったゴムボールや樹液が採れなくなったゴムの木を有効利用したドアなども。

　重要な国際的なイベント等でも使われている。2009年の米国オバマ大統領の就任式の招待状や2011年のイギリス王室のロイヤル・ウェディングの招待状にもFSC認証紙が使われている。2012年のロンドンオリンピック・パラリンピックでは、選手村建設に使用された木材の98％以上がFSC認証のもので

1. FSC（Forest Stewardship Council、森林管理協議会）について

関連ショップの資料　　（FSCジャパン資料より）　　プログラム

リオデジャネイロオリンピック・パラリンピック競技大会

大会で使用されているFSC認証木材
・自転車競技場のトラック
・ゴルフクラブファサード
・185台の表彰台
・191台のパラリンピック表彰台
・93個の車いす用スロープ
・5,130個の木製メダルケース
・仮設施設のフローリング、家具、コンテナ
・手すり、パーテーション

大会で使用されているFSC認証紙
・750万枚の大会チケット
・37,347枚の賞状
・5,130枚のオリンピック・パラリンピックメダル証明書
・93,754枚のオリンピック・パラリンピック参加証書
・237,877枚の記念証書
・リオ2016ステッカーアルバム

FSC認証木材使用事例　伊勢志摩サミット

おわせヒノキ等三重県産のFSC認証材を使用。メディアセンター以外の施設では、会議用メインテーブルなどの家具をはじめ、ペン皿やコースターなどの小物まで、今回新しく作られた木製品は全てFSC認証木材が使用された。

出典：G7伊勢志摩サミット公式ホームページ（https://www.mofa.go.jp/mofaj/gaiko/summit/ise-shima16/videos/）

図2-1-6　FSC認証製品使用事例

ある。ロンドン・オリンピックパークで使用された木材の3分の2以上がFSC認証のものとなっているほか、チケットやプログラム等にもFSC認証紙が使われている。2020東京オリンピック・パラリンピックの舞台でも、合法かつ持続可能な木材資源の使用において世界に誇れる実績を是非残して頂きたい。

　2014年にFSC認証取得者を対象に行われた調査では、取得者の81.5％がFSCラベルは製品に対して付加価値をもたらすと答えるとともに、84.9％が企業の社会的責任を果たすことを示す手段として有効であり、90％が企業のイ

メージを高める上で役立つと答えている。

FSCロゴマークの認知度であるが、2017年にFSCが行った調査によれば、61〜70％がブラジル、中国、ドイツ、イギリス、51〜60％がイタリア、インド、インドネシア、南アフリカ共和国、31〜40％がオーストラリア、カナダ、ロシア、アメリカとなっており、残念ながら調査対象国の中で日本は最下位の18％となっている。

しかし、日本でのCoC認証件数は、2016年初から2019年初にかけて約34％増加している。

2016年9月に開催したFSCジャパンセミナーでは20の自治体の首長にご賛同頂き『FSC認証材供給応援宣言』が発表された（図2-1-7）。

図2-1-7　FSC認証材供給応援宣言

2016年9月30日に開催したFSCジャパンセミナーの中で実施。20の自治体の首長にご賛同頂いた。
賛同自治体一覧（全20自治体、五十音順、敬称略）
岩泉町長、尾鷲市長、川根本町長、岐阜県知事、静岡県知事、四万十町長、下川町長、住田町長、高山市長、西粟倉村長、日南町長、浜松市長、東白川村長、檜原村長、美幌町長、三重県知事、南三陸町長、諸塚村長、山梨県知事、梼原町長

さらに、2018年7月には小売や飲食業界をリードする企業7社による『FSC認証材の調達宣言2020』が共同宣言として発表されている（図2-1-8）。

(5) SDGsへの貢献

2015年国連持続可能な開発サミットにおいて、「我々の世界を変革する：持続可能な開発のための2030アジェンダ」が採択された。この宣言では、「……我々は、持続可能な開発を、経済、社会および環境というその3つの側面において、バランスがとれ統合された形で達成することにコミットしている。……」とうたわれている。1994年に活動を開始したFSCは、この環境・社会・経済の

1. FSC（Forest Stewardship Council、森林管理協議会）について

バランスを保つことをその基準にも意思決定にも20年以上前から取り入れていた。

持続可能な開発目標（SDGs）では、「目標12：持続可能な生産消費形態を確保する」や「目標15：陸域生態系の保護、回復、持続可能な利用の推進、持続可能な森林の経営、砂漠化への対処、ならびに土地劣化の阻止・回復および生物多様性の損失を阻止する」が掲げられているが、FSCを推進することはこれらに直接的に貢献するものとなろう。

また、SDGsの各目標は互いに様々に関わっていると考えられ、FSCの推進は、貧困、飢餓、男女平等、安全な水、クリーンなエネルギー、労働環境、気候変動、平和と公平、パートナーシップに関する目標の達成にも貢献すると考える。

「FSC認証材の調達宣言2020」

私たちは、国連の持続可能な開発目標（SDGs）に記されている、持続可能な未来と天然資源の責任ある利用の実現に向けて、私たちの生産活動において不可欠である持続可能な紙製品調達のため以下のことを宣言いたします。

1. 木材、紙パルプ、ダンボール、容器包装用紙等の森林資源について、2020年までにFSC認証の原材料・製品を調達する具体的な目標を掲げています。
2. 2020年以降にはFSC認証の原材料・製品における持続可能な森林資源調達が当たり前のものとなるよう、業界のリーダーとなり、共に2020年目標の達成を目指します。
3. 2030年に持続可能な開発目標（SDGs）のゴール12「つくる責任つかう責任」及び15「陸の豊かさも守ろう」を達成することを目指し、消費者にもFSCマークの付いた製品を選ぶことの重要性を伝えていきます。

図2-1-8　FSC認証材の調達宣言2020

小売や飲食業界をリードする企業7社（イオン株式会社、イケア・ジャパン株式会社、花王株式会社、キリン株式会社、スターバックス コーヒー ジャパン株式会社、日本生活協同組合連合会、日本マクドナルドホールディングス株式会社）が、2020年に向けて各社におけるFSC認証原材料・製品の調達を進め、消費者にもFSC認証の重要性を伝えることを共同宣言として発表。

実際、FSC認証の社会面での貢献は評価されつつある。例えばアフリカ・コンゴ盆地のFSC認証森林では、すべての労働者に生命保険と健康保険がかけられ、医療施設も充実し、個々の家庭すべてへシャワーとトイレが整備されていたとの調査結果が出ている。認証されていない他の地域では半分も整備されていないとのこと。また、義務教育を超えた教育を受ける機会が認証森林内では78％に上るとの結果も出ている（他地域では33％）。

また、タンザニアでは、地域コミュニティが持続的な森林管理を行う支援をNGOが行っている。楽器の原材料等となる木の違法伐採が横行する中、

FSC認証取得を目指した村落での森林管理計画策定を支援し、2009年にFSC認証を取得した。この認証原材料をCoC認証でつなげ、イギリスの楽器メーカーにより、2011年初めてFSC認証材を使った木管楽器が作られた。結果村々の収入が上がるとともに、生活水準・社会基盤が改善された。少なくとも6つの井戸が掘られ水の供給が改善されるだけでなく、6学校建設、320着の制服提供、看護師と助産師の宿泊施設建設、市場に太陽光パネルが設置されている。乾期に遠くまで時間をかけて水を取りに行かなくて済むようになり、その分農作業・勉強に時間が割けるようになった。実際に現地で村人

図2-1-9 アフリカの事例
アフリカン・ブラックウッド。クラリネットなど木管楽器の原材料となる。

に聞くと、違法伐採者の取り締まりも自ら行い、持続的に森林を管理することの重要性を身をもって自覚していた。これら活動を支援したNGOの代表は、「FSC認証を貧困軽減及び森林保全のための革新的な解決策と見る」と言っている。

　森林認証制度とは改善を目指すものであり、その改善を検証するためのツールでもある。認証の成果を丁寧に確認していくことは今後重要となっていくと考える。

（前澤英士）

2. SGEC/PEFC森林認証制度

(1) SGEC/PEFC認証制度の概要
① PEFC認証制度の創設とその普及状況

　PEFCは、1999年にヨーロッパにおいて、「汎欧州森林認証制度」(Pan European Forest Certification Schemes)としてスタートした。

　その後、2003年には、ヨーロッパ以外の諸国が加わり、「PEFC森林認証制度相互承認プログラム」(Programme for the Endorsement of Forest Certification Schemes)と改組し、世界各国の認証制度と相互承認を行う国際認証組織として活動を開始した。PEFCは、当初ヨーロッパや北米を中心に活動してきたが、近年は、アジア地域の国々との相互承認はもとより、アフリカ地域においても活動を展開している。

　PEFCは、2019年6月現在、加盟国は51か国、相互承認国は45か国で、約3億haの認証森林(FM認証)と11,500件のCoC認証を擁している世界最大の森林認証管理団体である。

② PEFCと相互承認をしたSGEC認証制度

　1990年代当時、日本は、先進国のなかで、固有の森林認証制度を擁していない数少ない国の一つとなっていた。こうした状況を踏まえ、2003年に我が国にふさわしい国内森林認証制度として緑の循環認証会議(SGEC)が創設された。

　SGECは、その後、2011年に国際森林認証制度としての要件を備えたより完成度の高い制度を目指して、組織の法人化を行うとともに認証規格の改正を行った。しかし、この時点では、日本国内において認定機関による認証機関の認定体制が未整備であったことから、完全に国際森林認証制度としての要件を備えることはできなかった。

　その後、2014年には日本国内において認定機関による認証機関の認定体制が整備され、PEFCとの相互承認を行う上で懸案となっていた要件が整った。これを受けて、SGECは、2015年にPEFCに相互承認を申請し、約1年間にわたってPEFCのアセスメントを受け、2016年のPEFC総会において相互承認

が認められた。

東京五輪・パラリンピックの開催を契機に、全国各地で認証材の供給体制を整備する動きが活発化してきおり、現在全都道府県でSGEC認証森林の実現をみている(表2-2-1)。

(2) SGEC/PEFC認証制度の基本
① 認証材の消費者による選択的購買を促進するSGEC/PEFC認証制度

SGEC/PEFC認証制度は、森林管理(FM)の認証、即ち森林の管理状況の認証と、CoC認証、即ち認証された森林から生産された木材(認証材)について生産・加工・流通の各工程を担う企業の認証との2つの仕組から成り立っている。そして、この仕組には、第三者認証制度が採用され、高い信頼性が確保されている。

SGEC/PEFC認証制度は、消費者の立場に立った環境、社会、経済の各分野を網羅する森林管理認証規格に適合した持続可能な森林経営の実現と認証森林から生産・加工された認証木材・木製品を検証可能な制度の下で確実に消費者に届けることが出来る制度である。

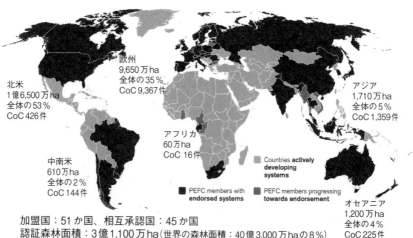

図2-2-1 PEFCの国際森林認証普及状況(2019年6月現在)
資料：PEFC本部資料

2. SGEC/PEFC森林認証制度　　31

　現代は、市民・消費者の消費性向や選択的購買の動向が経済社会を大きく変革させる時代である。森林法に基づき広く普及している森林計画制度は、主に森林に係る法令の遵守を基本とし、森林整備に対する支援措置が完備され、森林整備を推進するうえで重要な制度ではある。しかし、森林計画制度の下で森林管理者が策定する森林経営計画では、森林管理者が生産する木材を市場に出した場合にその追跡は不可能で、森林管理者が生産した木材と消費者とをつなげることが出来ない。

　これを補完するのが森林認証制度である。森林認証制度は、市民・消費者の立場に立った規格に基づき認証された森林から生産・加工された認証木材・木製品を確実に消費者に届けることが出来る。この制度のもと、認証木材・木製品について、市民・消費者の選択的購買を促進し、広く社会に浸透させることが期待できる。

② 国際性と地域性と兼ね備える SGEC/PEFC 認証制度

　世の中はグローバリゼーションの時代、国際化の時代である。しかし、一方では地域性、多様性が求められる時代でもある。

　PEFC認証制度は、地域（各国）のアイデンティティを認めつつ、グローバリゼーションの時代に対応できる国際化した認証制度の世界的なネットワークの構築を目指している。即ち、PEFC認証制度は、国際性と同時に地域性をも重視する制度でもある。

1) 各国の森林認証制度との相互承認の推進

　PEFC認証制度の特性の第一は、各国の森林認証制度について、それぞれのアイデンティティを認めつつ、PEFC国際森林認証規格への適合性を検証して

表2-2-1　2011〜2018年度末現在の認証森林面積、CoC企業数の推移

年	認証森林(FM)面積／ha	CoC企業数	備　考
2011	864,351.26	408	2011.3.31 現在
2012	887,932.59	379	2012.3.31
2013	968,168.28	381	2013.3.27
2014	1,248,231.16	376	2014.3.31
2015	1,254,642.03	343	2015.3.31
2016	1,470,501.08	364	2016.3.31
2017	1,611,326.04	612	2017.3.31
2018	1,665,763.85	808	2018.3.31
2019	1,919,826.43	864	2019.3.31

資料：SGEC/PEFCジャパン資料

相互承認を進め、国際的な認証制度のネットワークを確立していることにある。

具体的には、PEFCと相互承認を受ける全ての国の認証制度が、同一かつ高い水準でPEFC国際森林認証規格に適合しているか、について検証する。その手続きとしては、PEFCは各国の森林認証制度について公開かつ透明で独立した相互承認プロセスを実践することにより、PEFC国際森林認証規格の水準がPEFCとの相互承認を受けるすべての国の認証制度に適用されていることを検証する。このことによって、PEFCは、国際性を保持しながら、各国のアイデンティティを尊重しつつ、相互承認を進め、各国と一緒になって世界の森林認証ネットワークをつくることとしている。

2) 国際規格(ISO/IEC)に基づく認証業務の管理

PEFC認証制度の特性の第二は、国際規格(ISO/IEC)を使用することによって、国際的に認められた安全で質の高い製品やサービスを提供することを担保していることにある。

具体的には、森林管理(FM)認証、または、CoC認証を行う認証機関は、つぎの国際規格(ISO/IEC)に適合した認証業務を行わなければならないとしている。また、その他の認証業務全般にわたって国際規格(ISO/IEC)に基づき認証業務を行うことを求めている。

- 認証がマネジメントシステム認証として実施される場合

  「ISO/IEC 17021-1」
- 認証が製品認証として実施される場合(「製品」の用語は広義で使用されており、工程やサービスを含む)

  「ISO/IEC 17065」

なお、SGEC認証制度においては、森林管理(FM)認証およびCoC認証共に製品認証として実施しており「ISO/IEC 17065」に基づき認証業務を実施している。

3)「政府間プロセス」をベースとした森林管理(FM)規格の制定

PEFC認証制度の特性の第三は、各国の森林認証の基準は関係国が参加して取り組んでいる「政府間プロセス」をベースとして各国の森林管理認証規格を策定することとしており、このことによって制度の国際性を担保している。

即ち、世界の149か国の政府がそれぞれ支持する持続可能な森林管理のため

の「政府間プロセス」のうち、自国の政府が参加するプロセスを森林管理認証規格のベースとして採用することとしている。「政府間プロセス」は、世界の森林環境等に応じて8基準ある。日本はモントリオールプロセスに属しており、当然、SGEC認証制度は、モントリオールプロセスをベースに森林管理認証規格を策定している。

③ 信頼を確保するSGEC/PEFC認証制度

森林認証制度は、市民・消費者の信用がなければ制度として成立しない。森林認証制度は森林管理や加工・流通のプロセスを認証する制度である。これは、認証木材・木製品を目視しても全く確認できない。森林認証制度にとって、森林管理や加工・流通のプロセスの認証について、市民・消費者の信頼を得ることが、その存立の基盤となっている。

SGEC/PEFC認証制度は、制度の信頼を確保するために、認証業務を担うスキームオーナー(認証管理団体、Scheme Owner)、認定機関(Accreditation Body)、および認証機関(Certification Body)の三者が厳格に独立した形で運営されることを求めている。

このシステムの下で、各国のスキームオーナーは、「政府間プロセス」をベースにして公開のもとで認証規格を策定し、PEFCとの相互承認によってPEFC国際認証規格に適合し、国際的レベルを保持している認証規格として管理することが求められている。

また、各国の認定機関は、認定機関の国際機関である国際認定フォーラム(IAF：International Accreditation Forum)のメンバーとなり、相互評価を行うことによって世界的な認定レベルを保持していることが求められている。認定機関は各国に設置されており、各国の認証機関について、ISO国際規格(ISO/IEC17065、若しくはISO/IEC17021-1)に基づき、その能力、資質、独立性などに関して厳格な審査を行い認定している。

認定機関の認定を受けた各国の認証機関は、スキームオーナーが策定する認証規格に基づき、森林管理や木材・木製品、紙の加工・流通等の企業の遵守状況について厳格に審査・検証し、森林管理やCoC企業(生産・加工・流通を担う企業)を認証する。

このように、世界的な認定レベルを保持している認定機関から認定を受け

た認証機関によって、相互承認がなされ(**図2-2-2**)、国際性が担保された各国の認証規格に基づき認証された認証木材・木製品は、国際的な認証レベルを保持していると認められる。即ち、この仕組みのもとで管理された認証材は、PEFC国際認証木材・製品として認められ、国内はもとより世界の国際認証材市場に参画できる。

④ 認証CoC企業の要請に対応したSGEC認証材サプライチェーンの構築

PEFC国際森林認証制度との相互承認のもとで、SGEC森林認証規格に基づき認証された森林から生産された認証木材・木製品は、本来は、PEFC認証材としての主張を行い、PEFCロゴによる管理のもとで、PEFC認証材のサプライチェーンに参入することとなる。

しかし、SGEC森林認証制度は、PEFCとの相互承認を行うに当たって、国産材利用者の強い要請により、PEFC認証材(PEFC認証主張、PEFCロゴによる管理)のサプライチェーンの構築と併せて、SGEC国産認証材のサプライチェーン(SGEC認証主張、SGECロゴマークによる管理)の構築にも応えられる仕組みを採用した。

即ち、SGEC認証材(SGEC森林認証制度に基づき認証された木材)が、SGEC国産認証材のサプライチェーン内で流通する場合には、SGEC認証材としての主張(X%SGEC認証)を行い、また、PEFC国際認証材のサプライチェーンに参入して流通する場合には、PEFC認証材としての主張(X%PEFC認証)を行うシステムとしている。このように、認証CoC企業は、その希望によって、SGEC国内認証材のサプライチェーンに参画でき、また、PEFC国際認証材のサプライチェーンに参画できる仕組となっている(**図2-2-3**)。

(3) SGEC/PEFC認証の取得

① 小規模零細な事業者の認証取得を推進するグループ認証

1) グループ森林管理認証

国内の森林経営は、大部分が小規模零細な経営形態である。このような森林所有者にとっては、限られた金銭収入のもとで過大な森林管理費用の支弁は困難である。また、小規模零細な森林経営者は、情報や知見の入手手段も限定されている。更に、小規模な森林経営のみでは、持続可能な森林管理認証基準の

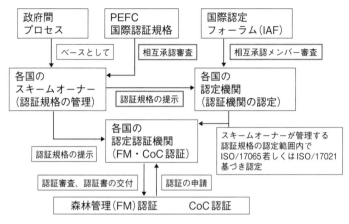

図2-2-2　PEFC認証制度の相互承認の仕組

遵守が困難で、その履行が負担となる場合が多々ある。このことが森林管理認証を進める上で大きな阻害要因となっている。

都道府県や市町村などの地方公共団体の指導の下に、森林所有者が組織する団体(森林組合等)が中心となって、広域な認証森林の管理を行う協議会等を設立し、グループ森林管理認証を進めていくことが、SGEC森林認証制度を普及させるうえで極めて重要である。

グループ森林管理認証は、「単一の認証書」の下で認証を受ける仕組みで、森林所有者が森林認証によって生じる経費の負担軽減や森林管理に関する共通の責任を共有することを可能にする仕組みである。また、この方法は、個別の森林所有者相互における情報の交換や協力・連携を目指す仕組みでもある。

最近、岡山県(岡山県森林認証・認証材普及促進協議会)、愛媛県(愛媛県林材業振興会議)、北海道(とかち森林認証協議会)等において、行政指導の下で都道府県や都道府県の地方分局単位でグループ森林管理認証の取得の例が見られる。小規模森林所有者の比率が多い日本の森林所有構造の実態からみれば、このように都道府県や都道府県の地方分局単位でのグループ森林管理認証の取得は、正に時宜を得た方策と考える。

2) 統合CoC管理事業体認証(PEFC-マルチサイト組織によるCoCの実行に該当)
　一般に、認証原料・製品を製造・販売する企業(共同事業体)が複数の生産拠

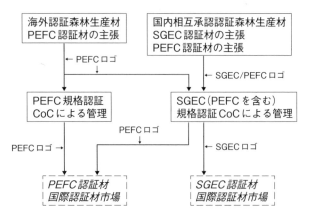

図2-2-3 SGEC/PEFC国際認証材市場

点をネットワーク化している場合には、その運営・管理が複雑多岐にわたる。統合CoC管理事業体認証は、このような企業(共同事業体)が、「単一の認証書」の下で認証を受けることによって、共同で行う事業管理を支援し、責任を共有して管理・運営することが可能となる仕組である。

　また、統合CoC管理事業体認証は、このような企業(共同事業体)がCoC認証のもとでの効率・効果的な事業の実行や信頼の確保を可能とする制度でもある。例えば、地区木材協同組合の下に参加企業の管理が適正なレベルに到達していればグループCoC認証が取得できる。特に、このシステムは、多数の小規模な独立事業体のグループが、CoC認証を取得する場合には、事業的にも、経費的にも効率・効果的に実施することを可能とする。

　最近、地域の木材産業グループを単位として、統合CoC管理事業体認証を取得する例が多くみられる。小規模林産業が多い日本の産業構造の実態を考慮すれば、このようなCoC認証の取得は、日本の実態に合ったモデル事例と考えられる。

② 認証の取得と認証木材・木製品の管理

　森林管理(FM)認証やCoC認証を希望する者は、SGEC/PEFCの公示を受けた公示認定認証機関に申し込み、認証審査を受け、SGECが定める認証規格に適合した森林経営やCoC管理を実施していると認められた場合には、SGEC/

2. SGEC/PEFC森林認証制度

PEFC認証を取得することができる。

また、認証材・製品にロゴマークの使用を希望する場合は、SGEC/PEFCロゴマーク使用契約を締結してロゴマーク使用ライセンス番号を取得し、このライセンス番号を付しロゴマークを使用することができる。なお、認証木材・製品にロゴマークを使用する場合には、ロゴマークの下に同ライセンス番号を必ず表示しなければならない。即ち、SGEC/PEFCロゴマーク使用ライセンス番号の使用によって、認証木材・製品が世界のどこへ行っても、誰が生産・加工・流通させたかが確認でき、その責任を明らかにする。

また、認定機関は、SGEC/PEFCの認証規格の認定範囲でISO規格に基づき認証機関が森林管理認証やCoC認証できる能力を有する旨のお墨付きを与える。このように認定機関から認定を受けた認証機関がSGEC/PEFCの認定認証機関として公示を希望する場合には、SGEC(スキームオーナー)に申請し、SGEC/PEFC認定認証機関としての公示を受けることができる。認定を受けて公示された認証機関は、SGEC森林管理やCoCの認証を行うことができる。

既に述べたように、世界的水準を有する認定機関から認定を受けた公示認定認証機関によって、PEFC国際規格に適合している旨を認められたSGEC認証規格に基づき認証された認証木材・製品は、当然、PEFC国際商品としての資

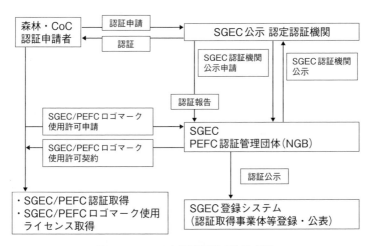

図2-2-4 SGEC森林認証制度の管理・運営
SGEC認証、SGEC/PEFCロゴマークライセンス取得手順およびSGEC認定認証機関の公示。

質を有し、国内はもとより、世界の国際認証材市場に参画できる。

　なお、認証を受けた森林やCoCは、SGEC/PEFC登録システムによって、その内容やロゴマーク使用ライセンス番号等の認証情報をデータベースとして取りまとめ、国内外に公表される。このように、認証情報の提供が行われることによって、認証CoC企業の認証材サプライチェーンの構築を促進し、認証材ビジネスの展開を支援する（**図2-2-4**）。

(4) 今後の課題

　2015年の国連サミットで採択された「持続可能な開発目標（SDGs：Sustainable Development Goals)」は、今や世界の経済社会の枠組みを大きく変える動きとなってきている。森林認証制度は、環境（自然）、社会、経済の3部門から要求事項を定め、これに適合する持続可能な森林経営の実現を目指しており、SDGsに貢献する制度として極めて親和性が高いと評価されている。このような状況を踏まえ、SGEC認証制度について、SDGsを実践する制度として位置づけ、森林認証規格と持続可能な開発目標（SDGs）の「17の目標」および「169のターゲット」の関連を分析し、SDGsの実現に貢献する制度としてより効果的に機能できるよう努めることが重要となっている。

　また、この度、2020年東京五輪・パラリンピックの競技施設等の整備に、持続可能な森林経営から生産された認証材の使用が実現した。これが契機となって、全国各地で森林管理（FM）認証やCoC認証の取得の動きが活発化しており、現在、全都道府県においてSGEC認証森林の取得が実現している。

　今後、このことが、"レガシー"となって、森林認証制度が普及・拡大し、森林認証制度をツールとして、約1,000万haに及ぶ成熟しつつある日本の人工林の持続可能な経営の実現に向けて、大きなインセンティブを与えることに強い期待が寄せられている。

　一方、今後の認証材の普及においても、ポスト東京五輪・パラリンピックに向けて、公共施設への認証材の使用や認証材を活用した企業の環境ブランド志向の高まりが期待される。このような中、緑の循環認証会議（SGEC/PEFCジャパン）は、SGEC/PEFC登録制度を的確に運用することにより、ステークホルダーに適時適切に認証情報の提供を行い、認証材サプライチェーンの構築によ

2. SGEC/PEFC森林認証制度

る認証材ビジネスの活性化に貢献するよう努めることが重要となっている。

　更に、我が国においては、森林資源の成熟期を迎えているが、一方では、少子高齢化に伴う人口減少が社会問題となる中で、木材需要の減少が懸念されている。このような中、国内林業の発展を期すためには、国産認証材サプライチェーンの構築による国産材振興と併せて、国産認証材の輸出を視野に入れた認証材貿易の展開が求められている。

　今、「環境」と「持続可能性」が重視された世界の経済社会へと、その枠組みが大きく変革する中で、持続可能な森林経営を実現する森林認証制度の役割に対する市民・消費者の関心はとみに高まりつつある。今後、認証材をツールとした企業の環境ブランドビジネスの積極的な展開により、国内はもとよりアジアを中心とした地域の森林の整備水準の向上に大きな期待が寄せられている。

　今後は、より適格な認証制度の運営を期して、PEFC国際認証規格や国際法・国内法の改正、更には森林管理に対する新しい知見等に基づくほか、先住民族(アイヌ民族)に係る規格も含めて認証機関の認証実施状況等を検証しつつ、必要な認証規格の見直しを行い、SGEC/PEFC森林認証制度の完成度を高めていくことが求められている。

（中川清郎）

第3章　これからの林業と成長戦略

1. 日本林業再生と森林認証

(1) はじめに

　世界の森林面積は約40億haで、陸地面積の約3割である一方、我が国の森林はその160分の1の約2,500万haで、日本国土の約7割を占めている。我が国と世界の森林とその他の陸地面積の割合はちょうど逆転しており、全く違った景色である。林野庁の計画課長時代、日本と中国との間で設立された日中緑化基金の政府委員として、中国黄土高原を見る機会があったが、古い時代から文明の発展とともに森林が利用され尽くし、砂漠化した地域の森林の復旧の難しさを痛感した。また復旧のために緑化された森林が自立して持続可能な森林として管理されることの大切さを考えさせられた。

　我が国の森林についても、明治維新当時、いわゆるはげ山などの荒れ地だった。今日では身近な森林は緑に覆われているのが普通であるが、森林の持続性には常日頃からの計画的な管理がいかに必要かと思い知らされている。

　今回、森林認証についての入門書への執筆を依頼されたので、我が国森林の変遷を含め、その管理に生業としての林業の振興発展がいかに重要なテーマであるかを含めて少し記述してみたい。

(2) 我が国森林の変遷

　我が国のいわゆるはげ山などの荒れ地は、明治維新当時は約400～450万haあったとされている。これは、現在の我が国の耕地面積合計とほぼ同じであり、岩手県(153万ha)、福島県(138万ha)、新潟県(126万ha)を合わせた県土面積に匹敵する大きさである。

　我が国は急峻な地形でか・つ脆弱な地質から、古くから豪雨、台風、地震など

により、山崩れや土石流が発生し、生命・財産に大きな被害をもたらしてきた。

特に、明治時代には、それまでの森林への強度の負荷により、表土もないはげ山が各地に多くみられ、山地災害の大きな原因となっていた。

明治維新後、国や県の新しい森林行政組織や森林関係の法律・条例が直ちに出来たわけではなく、森林は、明治政府内の所管組織が変転する中で、体系的な基本となる森林関係の法令もなかった。国の財政収入確保のための払下げや入会慣行地の森林所有権の混乱等により、森林の濫伐、盗伐、誤伐や職を失った士族の授産払下地の濫開墾が横行した。加えて、明治以降に、輸出産業として、陶磁器生産などが活発に行われ、これに伴う木材消費の増加もあった。

このような事情から、森林ではない荒れ地が、今では考えられないほど全国各地に大面積に存在した。そこで、そのはげ山を復旧する取り組みが始められるが、その礎は1897年の森林法の制定により保安林が規定されたことによっている。

まさしく、明治維新以降150年は江戸時代以来の著しく荒廃した山地において、森林への復旧による土砂災害の防止などに奮闘した時代である。しかしながら、予算額は小さく、関東大震災などの災害による新たな崩壊地の発生や、1933年頃から始まった戦争遂行のため、明治神宮の森や日光街道杉並木までにも伐採圧力がかかるほどの森林伐採、資源の限度を超えた伐採により、終戦までは山地の緑化とはげ山化とが一進一退の時代であった。

戦後の1947年に、農林省の外局としての林野局に治山課(治山という字が公式に用いられた最初)が新設され、戦時中の強制伐採跡地の緑化などの治山事業が開始されている。ちなみに林野とは森林と原野のことであり、林野が一般に使われているほど荒れ地のような原野が多かったといえる。その戦後間もない頃の我が国の森林には、伐採跡地や荒廃地が約150万haあったといわれている。その強制伐採跡地を造林する一方、戦後は焦土と化した都市や町村の復興資材供給という使命を担い、さらなる森林伐採を強要される日々が続いた。1951年には、伐採面積約80万haと最高を記録し、薪炭材伐採材積は3,200万m³と戦後のピークになっている。

このような中で、1953年には九州・関西の大水害発生を契機に、内閣に治山治水対策協議会が設置され、翌1954年には災害の防御に保安林の整備拡充を

積極的に推進する「保安林整備臨時措置法」が制定されることになる。さらに、1959年の伊勢湾台風等を契機として治山治水対策の強化が改めて取り上げられ、1960年「治山治水緊急措置法」が制定された。その後も1961年の第二室戸台風被害、1966年以降の南木曾・羽越水害等が多発し、森林の緑化復旧に向けた積極的な治山や森林整備事業が展開されている。

　1960年代以降は、戦後の高度経済成長に伴う予算の伸びに支えられて、荒廃山地の緑化と技術開発による山地災害の克服に挑戦し続けた時代であったといえる。保安林整備臨時措置法などが整い、いわゆる「計画的な治山事業」が推進された。その結果、我が国の荒廃山地と戦前・戦後の乱伐・過伐跡地は緑化され、森林の山地災害防止機能や水源涵養機能は大いに高まったといえる。

(3) 我が国林業・木材産業を取り巻く状況

　我が国の林業は、戦後の復興やその後の景気回復の中で、木材需要が旺盛で、スギやヒノキの価格が高騰し、一方で伐採跡地や荒廃地が多く山地災害等が多発していた。このため政府は、1951年に都市建築物等の耐火構造化、木材消費の抑制、未開発森林の開発等を内容とする「木材需給対策」、また1955年には国・地方公共団体が率先垂範して建築物の不燃化を促進すること、木材消費の抑制、森林資源開発の推進等を内容とする「木材資源利用合理化方策」を閣議決定している。この木材消費抑制の流れは2010年の公共建築物等における木材の利用の促進に関する法律が成立するまで続くのである。

　昭和30年代は木材価格の高騰が、物価上昇の原因の8割を占めたこともあるという時代である。売れるスギやヒノキを持っているのは、ごく少数の有名林業地の森林所有者だけで、そのほかの大多数の山村地域は、戦前から薪炭林施業を行っていたので売れる木がなかった。もちろん、戦後のエネルギー供給を担っていた薪炭林施業も山村を潤していたが、エネルギー革命で1957年頃から薪炭が売れなくなり、薪炭林であった広葉樹林を盛んに伐採してパルプ材に売り、その当時売れていたスギやヒノキをみんなが植えていた。1961年に全国でスギやヒノキなどを植えた面積は、1954年に次いで多く約42万ha、本数では少なくとも12億本以上の苗木が1年で植えられたことになる。今の人口でも国民全員が一人10本植えないと達成できない膨大な量である。ちなみ

に我が国の人工林は現在約1,000万haであり、世界の人工林約2億6,000万ha の26分の1と大きな面積を占めている。

1976 (昭和51) 年に林野庁に就職する時は、まわりの方々には「東京に何しに行くのだ、家で林業をやった方がよい」と口々に反対された。その後もしばらく言われたが、昭和50年代後半に木材価格が下がり始め林業が苦しくなったので、だれも林業をやった方がよいと言わなくなった。林業が活発な昭和40年代の後に、長く厳しい林業試練の時代が到来し、これがそのまま平成へと続いたのである。

「1haに投資するお金が約40万円、それが35年経てば1ha 900万円になる。銀行預金なら複利でも250万円です」。これは、誰でもない、1978 (昭和53) 年のある雑誌に載っている私のコメントである。

当時は、林野庁に採用されて3年目で、市町村出向者の第1号として岩手県住田町の役場に勤務していた。この記事は、その住田町が林業で町おこしをしようとする取り組みを実践していることを取材された時のものである。夜の座談会で2年間に約600人の町民と林業について議論し、役場と森林組合の2台のブルドーザーで作業道を約5,000mつくり、椎茸原木用のコナラの天然林施業林を800ha設定し、さらには300人の大工・左官の出稼ぎを解消しようと住宅産業までの木材加工産業づくりなど様々な取組をした。

今から振り返ると、この役場から林野庁計画課へ戻った1980 (昭和55) 年が国産材の価格が一番高く、そこから奈落の底へと落ちていくのである。

冒頭の900万円は、当時35年生のスギが900万円で売れていたという証拠であるが、今の35年生では、高く売れても100万円という時代になった。まさしく、大暴落したのである。

今1ドル110円前後の円は、1960年代は360円だった。戦後の復興資材や高度成長に伴う需要の増加で木材価格が高騰し外国産材の輸入が進められた1964年、丸太、製材品など木材関係の全品目の輸入自由化が完了し、製材などの関税は適用されたものの、丸太の輸入関税は0％で国産材は外材とほとんど丸裸で競争することになる。その後しばらくは1ドル360円でそれなりに戦っていたが、1971年いわゆるニクソンショックにより円は変動相場制へ移行し、徐々に円高が進み、国産材が競争力をなくしていった。

1. 日本林業再生と森林認証

国産材が競争した外材は、最初はラワン材という南洋材である。1981年私は国際協力事業団(JICA)の調査団の一員として、はじめてインドネシアのラワン材の立木を見たが、大人が数人で手をつないでも届かないほどの周囲のある大木が伐倒されていて、本当に驚いた。また、アメリカ、カナダの針葉樹の天然林も、特に北米の西海岸から米マツや米ツガという多くの木材が輸入された。そしてその後シベリアの天然林とも国産材は競争した。

この競争は、例えば住宅の柱では、国産のスギの柱と北米産米ツガという天然林の大きい丸太から生産された柱と競争した。この北米の天然林から採れた柱は、100年200年と1年に一つずつ年輪を積み重ねた木なので、年輪の幅が細く、かつ節がなく、美しさという見た目での争いだったため、ある意味諦めもついた。

一方で我が国においても、両面が一回で挽けるツインバンドソーという効率的な機械で製材したスギ人工林の30年生程度の間伐材の柱が、その米ツガと競争した。そして、世界的な環境問題の高まりとともに北米の天然林から伐採された丸太の輸入が厳しさを増し、九州、特に宮崎の木材業界がその競争に勝ち始めるのが見えた時期が1993年頃にあった。

ところが、1995年に発生した阪神淡路大震災を契機として、住宅の耐震性や気密性の対策が強化された。そうすると、乾燥していない木材は新築住宅の中で、ネジレたり、反ったりして歪みを起こしクロスがずれるなどから使われなくなった。スギや北米産のツガは角材で、乾燥されておらず、かつ乾燥が難しい木材だったのだ。その後の住宅の品質確保の促進等に関する法律の成立等もあり、スウェーデン、オーストリアなどヨーロッパから乾燥された欧州材の板がどんどん入ってきて、その板が5枚合わされて、日本の柱になって競争力をつけ、市場を取っていったのである。

この間の変化を、木材の自給率でみると、1965年ころまでは70％以上が国産材だったものが、1969年には50％を切り、徐々に低下していった。そして、阪神淡路大震災後は20％前後へ、そして2002年には19％まで下がり、過去最低の水準となった。1990年当時世界の丸太貿易量は8,300万m³で、そのうち日本が2,800万m³、実に世界の丸太輸出の3分の1を我が国一人で輸入していた。

20世紀後半の50年間に地球上の人口が約35億人も増加し、その間、木材の消費量は約3倍、紙に至っては約6倍に増えている中、我が国の人工林が成長途上にあったこともあって、我が国は消費する木材を世界各国から輸入し、国産材は競争力をなくしていったのである。

阪神淡路大震災があった1995年春、一村一品運動で有名な平松守彦知事のいる大分県に出向した。その大分県は、日本の林業・木材産業を代表する日田林業地域を擁していた。その日田地域を1991年に大型の台風が襲い、膨大な風倒木が発生するという未曾有の大災害が起こっていた。その風倒被害木が大量に出回った影響で丸太価格が一段と下落し森林所有者の収入が激減していたので、森林所有者の集まりである森林組合系統で製材工場をつくりたいという話が持ち上がった。すでに欧州からの製材品の輸入が目立ちはじめ、国産材が欧州材との競争に曝され始めているときである。

そこで、大分県の森林組合関係者と欧州を訪ねることとし、仲介の商社に、「世界で一番大きい工場や最新鋭の工場を見せてほしい」と頼んだ。案内されたのはフィンランドで年間約100万m^3の丸太を加工する工場と、無人化を目指して人手を極力省いた約50万m^3を加工する工場だった。当時、我が国の大型国産材工場としては、年間2万m^3の丸太を加工する工場が大きい方で、宮崎で8万m^3加工した工場が話題になっていた時代である。

欧州の製材工場が大量に効率よく板をつくり、全て人工乾燥させ品質が均一な製材品をつくり出す様子を目の当たりにして驚いた。結局、製材工場新設の話は立ち消えになったが、欧州の工場と勝負するにはどうしたらよいかが私の課題として残った。欧州から約8週間掛けて、スエズ運河、マラッカ海峡を経て持ってくる板やそれを束ねた集成材に、裏山にある日本の丸太が負けたのだ。

そもそも、我が国の国産材製材工場は、見た目の美しさから高く売れた四面無節や柾目などの高級材生産を目指していて、生産コストが少々高くても収支が合っていたので、製材コストが1m^3当たり約1万円以上になっていた。大量生産し2〜3千円しかかからない欧州の製材工場と製材コスト競争で太刀打ちできなかったのである。

この間、住宅のニーズが大きく変化していたのも国産材が欧州材との競争に負けた大きな要因だ。その一番が、ライフスタイルの洋風化等による和室数の

減少である。2つ目が耐震性・気密性・断熱性等住宅の品質・性能の確保についての要求の変化である。さらに昭和の時代には家の組み手の刻み作業は大工さんの手作業だったのが、その後工場でのプレカットという機械作業に変化し、乾燥してネジレや反りの起こる乾燥されていない国産材は使われにくくなったのである。

　製材品は従来のような表面の化粧性を求める傾向から、強度等の品質・性能が明確な資材を求める傾向に大きく変化していた。木造建築における柱材は、欧州材等を利用した集成材の使用割合が急速に増加し、スギや米ツガの製材品（無垢材）の使用が著しく減少したのである。都市部の住宅メーカーや大手住宅メーカーを中心に、量のまとまった品質の安定した木材が要求される中で、国産材は付加価値を重視した少量多品種の生産を続け、コスト、ロット、品質での競争に負けてしまったのである。

　欧州材や米材など外材との競争に負け、国産材時代への展望が見えなくなっていた2001年、林野庁の木材課長に発令された。ちょうど37年ぶりに「林業基本法」を「森林・林業基本法」へと改正する作業が行われており、我が国の森林・林業・木材産業政策の大転換期だった。

　我が国のスギやヒノキの人工林の蓄積は、林業基本法成立当時の約4倍に増加し、年間8,000万m³も成長していた。木材生産量が日本の人工林面積とほぼ同じ1,074万haのドイツで約4,000万m³、日本の森林面積の約9割のフィンランドでも約5,000万m³程度であるときに、我が国の生産量はピーク時の3分の1の約1,700万m³へと一段と低下していた。

　国内に使える木材があるのに使ってもらえる状況にない中で、国産材を使ってもらえる商品にするにはどうしたらよいか、地域の特性を生かしながら国産材の利用拡大とそのための生産体制をどう作り上げるかを議論した。

　2001年、鹿児島空港近くの木材市場で少し曲がった丸太が目にとまった。聞いてみるともう半年近く売れ残っており、50年ほどかかって成長した丸太が1m³5,000円でも売れないという。間伐材一本が大根より安いといわれた時代である。この下がり過ぎていたスギB材（曲がり材や小径材）価格の回復が課題だった。チップ材同様の価格になってしまったB材、一方で間伐補助金が価格を下げているように木材業界からは言われていたが、実際は作り続けている

商品が市場に受け入れられなくなって値段が下がっていたのだ。上司の指示は、「合板業界から1m³当たり3,000円の補助金をもらえば、国産材を使っても良いとのことなので、その仕組みを検討して欲しい」ということだった。価格補填する補助金は長続きしない、通常の販売ルートに乗らないと大量に売れないというのが私の考えで、合板業界と議論した。業界は「スギは強度が落ちるうえ年輪が邪魔して剥きにくい、過去に失敗した」という。「スギの質がロシア産の北洋カラマツより落ちるなら、スギの買い入れ価格はその分安くなってもしようがない」「マーケットにそっぽ向かれたら仕方ないが、スギ合板を市場に出す前から諦めないでほしい」とお願いして、補助金なしで国産材を使った合板を市場に出していただくことになった。

　その秋に秋田の合板会社で、厚さ2cm以上のスギ合板の両面に強度のある北洋カラマツを貼ったハイブリッドの試作品が完成した。それを仙台市場に出したところ、「軽い」と評判になった。住宅の床や屋根下地に使われていた厚物合板は北洋カラマツで、大工さんにとってとても重かったのだ。商品がどんな理由でヒットするかは分からないもので、スギの軽さがヒットしたのだ。

　そこで、B材を合板や集成材の原材料として、低コストかつ大ロットで安定的に供給する「新たな流通・加工システム」をモデル的に整備する事業を仕組んだ。外材を主に使っていた大手住宅メーカーなどのニーズに対応できる国産材の供給体制をつくるということで「新流通」と称したこの事業は2007年3月をもって完了したが、実施主体のB材の取扱量は事業開始時の2.6倍、約121万m³に達し、国産材の合板や集成材への利用が進んだ。

　合板での国産材の使用量は、2001年は北海道産のカラマツと広葉樹がそれぞれ10万m³ほどで、スギの利用はゼロだったものが、現在国産材が約400万m³使われている。丸太価格1m³1万円として400億円が、外国への支払いから国内に回ったことになり、我が国の林業再生の大きな支えになっている。

　国産材時代を迎えるためには、都市部で圧倒的な力を持つ大手住宅メーカーに住宅部材として使ってもらえるかがキーポイントだった。そこでその住宅メーカーなどが使っている製材品を出荷しており、日本と同じ山岳地形のオーストリアの林業・木材産業を見に行くことにした。日本との合弁会社の案内で製材工場から伐採現場まで見せていただいた。山で伐採され、ウイーン近郊で

製材された製品がコンテナに積まれ8週間掛かって、日本に着いていた。

　当時の我が国林業・木材産業の現状は、①森林の所有構造、木材の生産・流通・加工体制がいずれも小規模・分散型であること、②このため、生産・流通・加工コストのいずれもが高止まりしている構造であること、③生産・販売のロットが小規模で大規模需要に対応できないことなどから、高コスト、不安定な供給システムであり外材に対する競争力を持たない。一方、木材価格が高かった時期に培われた意識や生産・流通システムが、林業・木材産業の変革を阻害し、結果として、外材との競争力不足のツケを立木価格にしわ寄せしてきたため、林業の産業としての規模も急激に縮小していた。

　そこで2006年度から新たに「新生産システム」事業を実施したが、それは①成熟した人工林資源を活用した低コストで大規模な木材の流れを新たにつくり、②住宅等における外材等のシェアを奪還し、③その効果を立木価格に還元して所有者の森林整備への再投資に結びつけ、林業再生のためのビジネスモデルを形づくろうというものである。2010年度をもって終了したが、モデル地域における木材の利用量は、事業実施前の2005年度の132万m³から219万m³に引き上げるという目標には届かなかったものの、2010年度の180万m³へと増加した。この「新生産システム」の事業期間には、構造設計書偽造問題に端を発し2007年に施行された改正建築基準法、サブプライムローン問題に端を発した米国住宅バブルの崩壊、2008年のリーマンショックに端を発した世界的な金融危機等の影響から2009年の新設住宅着工戸数は前年比28％減の79万戸へと激減し、木材需要量も1963年以来46年ぶりに7千万m³を下回るという厳しい時代だった。その後も各地で大規模な製材工場が建設され、その素材消費量が増大するなど、国産材の供給量は、2002年1,692万m³（自給率19％）を底に増加傾向にあり、2017年2,966万m³（自給率36％）へと、国産材への原料転換が着実に進んでいる。

(4) 森林認証への取り組みと今後の期待

　森林認証については、1992年の地球サミット以降の世界的な動きや我が国の対応は知っていたが、直接関係したのは2003年に就任した林野庁計画課長の時代である。森林管理協議会（FSC）の森林認証に熱心に取り組まれた当時の

高知県梼原町長からの依頼で、FSCのマークの入った本棚を計画課に利用モデルとして展示し、全国からたくさん来られる都道府県や市町村の皆さんに広報宣伝したことが思い出される。その当時はFSCと並行して日本型の森林認証である緑の循環認証会議(SGEC)が発足した頃だが、FSCの日本での第一号取得者の速水亨さんが日本での森林管理協議会の発足について相談に来られた。林野庁計画課長としてはFSCもSGECも等しく日本林業の再生に大変重要だと協力した。

　本格的な出会いは、その後2006年に九州森林管理局長に就任してからである。着任して間もない頃、環境NPO団体が主催する「森林・木材認証フォーラムin九州」にパネラーとして出席したことである。森を守り、森と人をつなぐ「森林認証」の九州での普及と認証製品の積極的な使用をアピールする企画で、山村や林業・建築の関係者、環境NGOの方々との間で熱い思いを共有できた。当時の熊本ではFSCが「生地の家」職人ネットワーク、SGECが小国町森林組合、(株)南栄、新産住宅(株)、(株)泉林業などにより森林認証による家づくりがすでに進められていた。そこで、国有林を所管する九州森林管理局と県有林を持つ熊本県が協定を結び、2007年にSGEC森林認証(国有林約37,000ha、県有林約4,000ha)を取得した。

　当時取材に対して「国有林材は、厳格な森林計画制度等に基づき、持続可能な森林経営を率先して行っているところであるが、民有林と併せて国有林においても森林認証を取得することにより、持続可能な森林経営についての認識が広く普及し、認証取得の増加が期待されるとともに、川上・川下が一体となって認証・ラベリング材を供給することによって消費者の選択的購買につながることを期待している」とコメントしている。

　そして次に着任したのが北海道森林管理局だった。

　北海道ではすでに、オホーツクに面した網走西部流域で、西紋地区林業・林産業に関する懇談会等が中心となって、本格的に森林認証の取組促進活動を開始され、2006年度末のSGECの森林認証面積は、住友林業など大手社有林、佐藤木材工業など地元私有林、紋別市有林が取得し3万1,000haで、全森林面積の約1割だが民有林面積では約4割、CoC認証(木材の加工流通過程の認証)事業体も、製材、チップ、集成材、間伐材等生産・販売等の業種8事業体が取得

していた。そこで北海道庁と協力して、2007年末までにSGECの森林認証（国有林約19万ha、道有林約6万6,000ha）を取得した。その結果紋別地区森林の約8割と大きな認証森林のエリアができ、その後の認証材の安定出荷に大きく貢献した。

　このころのメモによると、「消費者がオープンな情報によって森林を選別しオホーツク地域の認証林から生産される木材を使う、製材業者や伐採業者の方々だけでなく、住宅ーカーや建設会社の方々も含めた幅広いネットワークで「地材地消」という大きな流れをつくり、林業の再生を目指す」とコメントしている。

　その後、林野庁を退職し、一般社団法人日本治山治水協会に勤務しながら、一般社団法人緑の循環認証会議に約8年携わってきた。最初のころは全国的な熱意はあったが賛同者は少なく、会の運営も厳しいものがあったが、世界的な森林認証制度であるPEFCとの相互承認作業や2020年東京オリンピック・パラリンピックの開催決定もあって、今日を迎えている。

　2000年代に入ってからの一連の取り組みなどで、国産材においても価格の上昇が見られる。しかし、従来の木材生産・流通・加工体制のままでは、この恩恵は、国産材業界にとってチャンスというよりむしろ原材料の値上がりでピンチという方が正確である。平成に入って、我が国の林業・木材産業は遥か彼方の欧州から来る木材に負けてきた。徹底的なコスト縮減を行い「量で戦うか」、または川上から川下の連係によって「価値で戦うか」の2つの方向を選択する中で、国際的な競争力の確保が求められている。

　森林認証は、独立した第三者機関が一定の基準を基に、適切な森林経営や持続可能な森林経営が行われている森林または経営組織などを認証するもので、これらの認証森林から生産された木材・木材製品へラベルを貼り付けることにより、消費者の選択的購買が可能となり、地球規模で進む森林破壊や地球温暖化、違法伐採などに寄与することができる。

　国産材が生き残る2つの方向どちらにとっても、森林認証の取得を進めることは、加工・流通・販売・建築・設計などの様々な分野において認定を受けた事業体と連携することにより、消費者の選択的消費行動を誘発する強力なシステムになると考える。

我が国の人口減少に伴い、住宅着工数の減少が見込まれる中、「日本林業再生」、「国産材復活」の兆しが見えつつあるが、今後、真の国産材時代を迎えるには、世界と戦えるだけの体力をつけ、国内の市場規模が縮小しても、中国など東アジアで米材や北洋材と、インドや中東で欧州材と勝負できる体質を構築していくことが重要である。さらに地球規模の環境保全や持続可能性が求められる中で、先人が造成し育てた人工林は、世界的に見ても貴重な持続可能性のある資源であり、森林認証制度を活用し伐採・利用そして再造林という循環型林業を確立すれば、地域産業として大きな可能性があると考える。

（山田壽夫）

2. 森林認証と標準化・SDGs

(1) 森林認証と持続可能な開発目標（SDGs）

① 持続可能な森林管理とSDGs

　国連環境開発会議（UNCED）以降の地球環境問題の国際展開において、持続可能な森林管理の確立に向けた取り組みは、気候変動枠組み条約や生物多様性条約と異なり国際条約の締結に至らず、四半世紀が経過している。国際的な森林管理の理念と手法は、林業的管理から生態的、社会的、経済的持続性を備えた順応的管理に転換され、国連森林フォーラムや政府間プロセスとともに森林認証に関する取り組みが継続されている。

　2019年現在、PEFC森林認証プログラム（Programme for the Endorsement of Forest Certification Schemes）のFM認証・CoC認証は、68か国・地域3億1,889万ha・54か国1万1,741件に拡大し、特にフィンランド、スウェーデン、ドイツ、オーストリアでは、中小規模私有林を対象としたグループ認証が定着している。PEFC認証の取得面積率は、北米56％、欧州33％に対し、アジアは5％と普及が遅れていたが、ロシア（PEFC Russia）2,249万ha、中国（China Forest Certification Council）681万ha、日本（緑の循環認証会議、SGEC）192万haに加え、韓国（Korea Forestry Promotion Institute）が2018年、インド（Network for Certification and Conservation of Forests）、タイ（The Federation of Thai Industries）が2019年にPEFC認証管理団体の審査・承認を完了した。日本国内でもSGECのPEFC加盟・承認と東京五輪施設への認証材供給を契機に認証面積が拡大している。

　2015年の国連総会で「持続可能な開発のための2030アジェンダ」が採択され、国際社会全体の開発目標として持続可能な開発目標（SDGs）が掲げられた。日本国内においても2016年に持続可能な開発目標（SDGs）推進本部からSDGs実施指針が公表され、2018年に内閣府は都道府県・市区町村、関係府省庁、企業・民間団体等436団体を会員とする「地方創生SDGs官民連携プラットフォーム」を設置し、国と自治体、企業の枠を超えたSDGsの取り組みを目指している（内閣府 2018）。

② 市町村SDGs未来都市計画と森林・林業セクター

SDGs実施指針では、SDG 1：貧困、5：ジェンダーとともに、7：エネルギー、13：気候変動、15：陸上資源の達成度が低く、日本が取組みを強化すべき分野とされている（持続可能な開発目標（SDGs）推進本部 2016）。

表3-2-1に示すようにFSC（下川町、浜松市）やSGEC（真庭市、十津川村、小国町）認証取得市町村では、森林・林業セクターとの関係を重視したSDGs未来都市計画が樹立されている。同計画における森林・林業セクターと関係性の高いSDGsの目標・ターゲットを浜松市、真庭市、十津川村の事例から示すと以下の通りである。

表3-2-1　SDGs未来都市計画における森林・林業セクターの関連性

SDGs 未来都市		同計画における森林・林業セクターの関連性
北海道	下川町	林業の川上から川下までのシームレス産業化、森林バイオマスを中心とした脱炭素社会実現
静岡県	浜松市	浜松版グリーンレジリエンス、持続可能な森林経営の推進、天竜材の利用拡大
愛知県	豊田市	都市と山村のつながりによる課題解決、森林吸収源対策の推進、地域材の流通加工対策
岡山県	真庭市	再生可能自然エネルギーによる地域自給率100％の「エネルギーエコタウン真庭」
奈良県	十津川村	林業と観光業の総合的事業運営による産業創出、林業6次産業化の推進による従事者確保
徳島県	上勝町	彩山（いろどりやま）を活用した産業振興、農林水産業における新規就業者の促進
熊本県	小国町	地域資源（地熱、森林資源等）の有効活用と地域経済循環・産業創出

資料：各市町村（2018）SDGs未来都市計画による。

　　浜松市（働き甲斐も経済成長も：8.2・8.3、産業と技術革新の基盤をつくろう：9.1・
　　　　9.2、住み続けられるまちづくりを：11.1・11.3、つくる責任、つかう責任：
　　　　12.2・12.7・12.8、陸の豊かさを守ろう：15.1・15.2・15.4）

　　真庭市（エネルギーをみんなに、そしてクリーンに：7.2、働き甲斐も経済成長
　　　　も：8.2・8.5・8.9、住み続けられるまちづくりを：11.6、陸の豊かさを守ろう：
　　　　15.2）

　　十津川村（働き甲斐も経済成長も：8.2、住み続けられるまちづくりを：11.3、つ
　　　　くる責任、つかう責任：12.b・12.8、気候変動に具体的対策を：13.1、陸の豊
　　　　かさを守ろう：15.2・15.4）。

　先に指摘した7：資源・エネルギー、13：気候変動、15：陸上資源や11：持続可能なまちづくり、12：持続可能な消費と生産との多面的な目標・ターゲットとの関係性が見出せる。以下のSDGsにおける手法を念頭に置いたボトムアッ

プ・アプローチによる森林・林業セクターを起点とする展開が期待される。

③ SDGsの手法と森林認証

　SDGsと森林認証は、その目標・サステナビリティ指標やモニタリング手法の親和性が指摘されている。蟹江憲史編(2017)では、SDGsの手法と実施手段に関して、①ネクサス・アプローチの導入、②マルチステークホルダーの参画によるアウトサイド・イン・アプローチへの転換、③ボトムアップ・アプローチの役割が重視され、森林認証の展開とSDGsとの連携を構想する際に以下の特徴を踏まえた取り組みが重要となろう。

1) ネクサス(nexus)・アプローチの導入

　　ネクサスとは「関係」や「関係性」を重視した従来の縦割分野や空間範囲を超えたガバナンスを統合するアプローチとして、システムの全体像を静的な関係性ではなく、動的な変化を捉える重要性が指摘されている。

2) マルチステークホルダーの参画によるアウトサイド・イン・アプローチへの転換

　　SDGsの策定プロセスでは、目標の策定から実施、フォローアップに至るまでのマルチステークホルダーの参画によるインサイド・アウト・アプローチ(従来通りの現在および過去の業績を分析し、今後の動向と道筋を予測し、同業他社を基準とするやり方)からアウトサイド・イン・アプローチ(世界的視点から何が必要かについて外部から検討し、それに基づいて目標を設定し、現状の達成度と求められている達成度のギャップを埋めていくやり方)への転換が強調されている。

3) ボトムアップ・アプローチの役割

　　特定の個人やコミュニティの個別事情を積極的には考慮せず、マクロ的に意思決定するトップダウン・アプローチに対して、人々の具体的な生活環境、ニーズ、制約など個人を取り巻く環境を最大限に配慮しつつ、彼らの主体的な関わり・参加を前提にできるだけ多くの集団構成員の利益や恩恵を実現するボトムアップ・アプローチと両アプローチの補完的役割が重視される。

　SGEC/PEFC認証制度は、以上の「マルチステークホルダーの参画」と「ボトムアップ・アプローチ」に関して、以下のaとbの点で親和性が高く、cのア

ウトサイド・イン・アプローチに関してもPEFC加盟国やSDGs先行事例に関する相互参照による更なる展開が期待される。

a. SGEC森林認証とCoC認証の取得者は、日本国内の代表的な森林所有者と管理者、木材産業関連企業を網羅し、その組織基盤や属性は、地域レベルから国・都道府県・市町村段階の行政組織や世界規模の企業まで多様性を有し、業種も製紙、集成材・製材、合板企業、木材市場を網羅している。その「関係」や「関係性」を重視した森林認証の取得組織が地域を超えて連携することにより、従来の縦割組織や空間範囲を超えた統合組織形成の潜在的可能性を有する。

b. PEFC森林認証は、各国の認証制度のPEFCによる承認というボトムアップ・アプローチを採用し、「森林認証が地域に根差したものでなければならないことはPEFCの基本的な信条であり、PEFCは責任ある林業を進めるために国単位の組織との協働を選択し、……PEFCはマルチステークホルダーの参加プロセスを通じて、地域の優先事項や状況に相応しく設立された地域・国単位の森林認証制度を承認」する（PEFC 2018）。

c. SGEC森林認証は、2016年にPEFCの認証管理団体として承認され、2020年に第1回目の更新審査が迎える。この更新審査に向けて、PEFC規格改正に対応したSGEC規格の見直しが検討され、その過程でアウトサイド・イン・アプローチとボトムアップ・アプローチの統合による国際的視点からのPEFC森林認証の先行事例や地域実態に対応した取り組みが期待される。

(2) SGEC森林管理認証とPEFC規格改正

① SGECグループ認証とグループ主体

　本項では、2018年のPEFC認証規格改正「持続可能な森林管理──要求事項（Sustainable Forest Management – Requirements）」（PEFC ST 1003:2018）と「グループ森林管理──要求事項（Group Forest Management – Requirements）」（PEFC ST 1002：2018）とSDGsに対応したSGEC認証規格の改正方向を検討する。

　SGEC森林管理認証では、**表3-2-2**に示すように2016年以降、都道府県および出先機関単位のグループ認証が拡大している。FSCグループ認証では、市町村・森林組合単位のグループ認証が中心であり、認証面積が最大の天竜木材

2. 森林認証と標準化・SDGs　　　*57*

表3-2-2　SGECグループ認証のグループ主体・メンバーの例示

単位：ha

都道府県	名称・事務局・取得年・面積	グループメンバー		グループ認証の特徴
		メンバー	認証面積	
北海道	とかち森林認証協議会 十勝広域森林組合内・2016年 125,110ha	帯広市・池田町等17市町村 十勝広域等12森林組合 17林家・3会社	42,842 79,361 2,907	人工林の循環利用とカラマツ主伐材の利用拡大
長野県	佐久森林認証協議会 長野県林業コンサルタント協会 東信事務所内・2017年 25,234ha	佐久市・川上村等9市町村 12財産区 一部事務組合・共有林組合 県営林	16,606 6,632 346 1,650	地方振興局単位の市町村・財産区有林を核としたグループ認証
岡山県	岡山県森林認証・認証材普及促進協議会 岡山県林政課内・2017年 79,657ha	真庭市・津山市等4市1村 県営林・おかやまの森整備公社 真庭森林組合 2会社	11,534 30,699 35,898 1,525	県主導の認証材普及と整備公社・真庭地区中心のグループ認証
愛媛県	愛媛県林材業振興会議 愛媛県森連内・2016年 43,303ha	久万広域等13森林組合 4会社・1林家 県営林	40,397 2,206 700	森林組合と材木業連携による県下一円のグループ認証
大分県	大分森林認証協議会 大分県森連内・2017年 20,220ha	日田市・佐伯市等4市 会社・7森林組合等 県営林林・森林ネットおおいた	3,062 1,868 15,398	県営林を中心とした県下一円のグループ認証

資料：SGEC（2018年12月現在）。

振興協議会（4.3万ha）においても浜松市林業振興課と市内6森林組合を主要な
グループ主体・グループメンバーとしている。

　表3-2-2から2016年以降に設立されたSGECグループ認証のグループ主体
とメンバーに関して、次の特徴が指摘できる。

1) グループ主体と事務局：県一円の協議会は、岡山県森林認証・認証材普及
　　促進協議会（岡山県林政課内）、愛媛県林材業振興会議（愛媛県森連内）、大分
　　森林認証協議会（大分県森連内）があり、岡山県は真庭・津山地域、愛媛県は
　　久万地域、大分県は日田・佐伯地域を中心に2.0〜8.0万haの認証面積に達
　　している。道県の出先機関単位の協議会（事務局）には、北海道のとかち森
　　林認証協議会（十勝広域森林組合内）、長野県の佐久森林認証協議会（長野県
　　林業コンサルタント協会東信事務所内）、上小森林認証協議会（上小林業振興
　　会内）、南信州森林認証協議会（下伊那山林協会内）があり、そのグループ主
　　体・事務局は森林組合関係者や県林務職員OBが担当している場合が多いが、
　　その担当組織と担当者は多様である。とかち森林認証協議会の認証森林12
　　万5,000haにおける施業実績は、2017年度で造林918ha、下刈り3,346ha、

素材生産30万m^3(主伐23.6万m^3)に達している。

2) グループメンバーの構成：グループメンバーの構成は、県営林や市町村・財産区・一部事務組合有林等の公有林を中心とし、個人や会社等の私有林所有者が直接的グループメンバーとなっている事例は限定されているが、とかち森林認証協議会・十勝広域等12森林組合の7万9,000 ha、岡山県森林認証・認証材普及促進協議会・真庭森林組合の3万6,000 ha、愛媛県林材業振興会議・久万広域等13森林組合の4万haは、組合員の森林経営計画の樹立森林が大多数を占めている。

3) 都道府県・市町村との関係：都道府県・市町村との関係では、森林所有者としての県営林や市町村有林は、地域における中心的存在としてグループメンバーに参加している事例が多いが、グループ主体・事務局には岡山県以外では、直接的な関わりを持たず、側面からの支援とグループメンバーとしての参画にとどまっている。長野県の佐久森林認証協議会、上小森林認証協議会、南信州森林認証協議会のグループ認証は、長野県林業コンサルタント協会(2017)による統一的な検討とマニュアル作成を基礎とし、各地域振興局の関連組織に事務局を置いているが、管内の公有林と森林組合等の自主的取り組みを基盤としている。

協議会方式のグループ認証には、従来からの北海道のオホーツクフォーレスト・ネットワーク(2万2,000 ha)、ようてい水源の森づくり推進協議会(2,604 ha)、循環の森づくり推進協議会(3,871 ha)や宮崎県の宮崎市森林認証協議会(1,726 ha)、西臼杵地区森林認証協議会(1,348 ha)の他に栃木県の鹿沼市森林認証協議会(8,507 ha)、静岡県の富士箱根地域森林認証協議会(1,239 ha)、オクシズ森林認証協議会(1,073 ha)、長野県の根羽村SFM森林認証協議会(7,294 ha)があり、市町村単位の協議会では市町村林務組織や地元森林組合がグループ主体・事務局を担当する事例が多い。

② PEFC規格改正に対応したSGEC規格の検討方向

表3-2-3に2018年改正「持続可能な森林管理──要求事項」の構成を示した。現行のPEFC規格「グループ森林管理認証──要求事項」との相違点とSGEC規格への反映の際の論点として、次の点が重要となる。

- 2018年改正で新たに項目が設定された項目は、5.リーダーシップから7.支

2. 森林認証と標準化・SDGs　　　*59*

表 3-2-3　2018 年改正「持続可能な森林管理──要求事項」の構成

はじめに 序論 1.適用範囲 2.引用規格 3.用語と定義
4. PEFC 相互承認規格を適用する各国規格と組織の状況
4.1 総論 4.2 影響を受けるステークホルダーのニーズと期待の理解 4.3 持続可能な森林管理システムの適用範囲の決定
5. リーダーシップ 6. 計画
6.1 リスクと機会の対処 6.2 管理計画 6.3 コンプライアンスに関する要求事項(6.3.1 法令遵守 6.3.2 森林に関連する法的, 慣習的・伝統的権利 6.3.3 ILO 基本条約 6.3.4 保健, 安全と労働条件)
7. 支援
7.1 経営資源 7.2 力量 7.3 コミュニケーション 7.4 文書情報
付属書 1：森林プランテーションの場合の要求事項に関する解釈の指針
付属書 2：森林外樹木(TOF)の要求事項に関する解釈の指針
8. 持続可能な森林管理の要求事項
8.1 基準 1：森林資源の維持または適切な増進とグローバルカーボンサイクルへの貢献 8.2 基準 2：森林生態系の健全性と活力の維持 8.3 基準 3：森林生産機能の維持及び促進 8.4 基準 4：森林生態系における生物多様性の維持, 保全及び適切な増進 8.5 基準 5：森林管理における保全機能の維持または適切な増進(特に土壌と水) 8.6 基準 6：社会・経済的機能と状況の維持または適切な増進
9. パフォーマンス評価
9.1 モニタリング, 測定, 分析と評価 9.2 内部監査(9.2.1 目標, 9.2.2 組織) 9.3 マネジメントレビュー
10 改善
10.1 不適合と是正措置 10.2 継続的改善 参考文献

注) 網掛け以外の部分が 2018 年改正で新たに加わった箇所である。

援と 9.パフォーマンス評価、10.改善、付属書 2：森林外樹木(Trees outside Forests, TOF)の要求事項に関する解釈の指針である。全般的に現行規格の8.持続可能な森林管理の要求事項を主体とした構成から認証取得組織のガバナンスとリスク管理に関するマネジメント規格が拡充され、付属書 2 が追加された。

- 2018 年改正で追加された付属書 2.森林外樹木(TOF)は、「国によって林地と指定された区域の外で生育する樹木。その区域は、通常「農地」または「市街地」として分類される」と定義され、「「森林」に関連するすべての要求事項は、付属書で否定しない限り「TOF」にも適用される」とされている。

- 1.適用範囲、2.引用規格、3.用語と定義、4.PEFC 承認規格を適用する各国規格と組織の状況、付属書 1：森林プランテーションの場合の要求事項に関する解釈の指針は、現行規格と同様の構成であるが、「用語と定義」等は細部の追加、改定が行われている。

(3) 2020年代戦略としての標準化と「緑の循環」

① PEFCグループ認証主体と標準化

ISO/IEC Guide 2で標準化は、「実在の問題又は起こる可能性がある問題に関して、与えられた状況において最適な秩序を得ることを目的として、共通に、かつ、繰り返して使用するための記述事項を確立する活動」と定義され、認証制度における標準化の役割として、互換性の確保、品質の確保、生産効率の向上、相互理解の促進、技術普及、安心、安全の確保、環境保護、社会的課題の解決、新産業・新市場の創造、企業の経営戦略ツールとしての標準化が指摘される。

フィンランドとスウェーデンの中小規模私有林を対象としたPEFCグループ認証におけるグループ主体と標準化の現状を早舩真智ら(2018)に基づき検討すると以下の通りである。

1) スウェーデンでは、森林所有者協同組合や林産企業など17組織がグループ主体として1,582万haのPEFC認証を取得し、中小規模所有者は自由意思でグループメンバーを選択している。

2) フィンランドでは、州を基盤に5地域グループを形成し、各地域森林認証協議会(森林管理組合、企業、業界団体等)が中小規模所有者の森林管理基準の遵守を保証し、KMY(Sustainable Forest Management Association)が5地域1,813万haのグループ認証協議会の内部監査と指導を一元的に担当している。

3) 日本では、先述した都道府県・出先機関単位の協議会方式のグループ認証が拡大しているが、SGEC/PEFC認証面積は192万haと北欧諸国の10％程度である。そのグループ主体は地域により多様性に富み、グループメンバーの構成も私有林を包括した地域・管理組織間の森林管理の標準化を確立し得ていない。

日本の森林管理・森林認証の標準化に向けて、今後、グループ主体・グループメンバー段階の経営管理の標準化とともに都道府県・地域間、PEFC加盟国間の連携と標準化への取り組みが重要となろう。

田中正躬(2017)は、国際標準制度をめぐる変化と問題点を指摘し、その改善策として「その制度を飼いならしていく以外に方法はないと思われる」として、

社会学者のローレンス・ブッシュの標準化づくりへの改善へ向けた指針を紹介している。その指針は、次の4点に要約される。

- できるだけ現場の関係者の意見を取り入れ、多くの参加を促す。
- 標準による単純化の押しつけを避ける。
- 有用な標準をつくる。
- 標準を使うことで、新たな思考や行動へつなげる。

　国際標準の適用は、国際的森林認証を取得することで完結するものではなく、日本の現状に即した有用な標準に改善し、その標準を使うことで新たな森林管理の展開と行動につなげることが重要である。日本における森林認証の取り組みも今後はそうありたいものだ。

②「緑の循環」の再定義と標準化

　表3-2-4は、以上の問題意識に基づくSGECの2020年代戦略としての「緑の循環」の再定義と標準化に関する提案（試案）である。

表3-2-4　「緑の循環」の現代的明示とSGEC規格改正の意義

「緑の循環」の意義・現代性	国際的枠組みへの貢献・連携	
森林資源の循環利用の促進	モントリオール・プロセス、生物多様性条約、パリ協定	
地域振興・エネルギー循環と連携した森林管理	SDGs、モントリオール・プロセス、パリ協定	
森林産物の生産、流通加工と消費、廃棄の循環	モントリオール・プロセス、SDGs、パリ協定	
SGEC規格の改正	2018年PEFC認証規格改正に対応したSGEC認証規格の改正	
	グループ認証に関するガバナンス・標準化の促進	

1) 国際的枠組みへの貢献・連携の促進：持続可能な開発目標（SDGs）の目標・ターゲットとSGEC森林管理認証規格を関連づけ、SGECの指標とガイドラインに反映する。

2)「緑の循環」理念の再定義：「森林資源の循環利用の促進」、「地域振興・エネルギー循環と連携した森林管理」、「森林産物の生産、流通加工と消費、廃棄の循環」の視点から「緑の循環」理念を明確化し、その目標設定と指標・ガイドラインへの反映を検討する。

3) SGEC森林管理認証規格の改正：①・②および2018年のPEFC認証規格の改正に対応したSGEC認証規格の改正とグループ認証に関するガバナンスと標準化の促進を図る。

SGEC規格改正案の検討は、2019年度から具体的検討と協議が行われる予定である。その過程で以下の基本的検討方向がその中心的論点となろう。

- 現行のSGEC規格「SGEC森林管理認証基準・指標・ガイドライン」と「SGEC附属文書：グループ森林管理認証の要件」は、PEFC規格に対応した「SGEC持続可能な森林管理──要求事項」と「SGECグループ森林管理──要求事項」に再編し、その基本的構成を対応させる。

- PEFC規格の2018年改正に対応した「SGEC持続可能な森林管理──要求事項」の構成は、**表3-2-3**に示した「5.リーダーシップから10.改善」をPEFC規格に準拠してSGEC規格に盛り込み、現行規格「SGEC森林管理認証基準・指標・ガイドライン」の「3 持続可能な森林管理認証規格の具体的な要求事項」は、指標以下の規定でSDGsの趣旨やこれまでの実践の反映に努め、利害関係者の意見の反映と用語の統一を図る。

- 新たな「SGECグループ森林管理──要求事項」の構成は、PEFC規格の2018年改正「グループ森林管理──要求事項」に準拠し、日本の現状に即した内部監査、森林認証協議会、管理計画等に関する細目は、付属書等で別途定め、森林保有者・資源管理者とグループメンバー、森林管理ユニット（FMUs・サイト）の関係を明確化する。

以上の検討過程でSGECに関する規格制定者（認証管理団体）、認定機関、認証機関、認証取得組織とグループメンバー、学識経験者等の広範な参画による検討と具体化が期待される。それを通じてSGEC規格を国際的枠組みと日本の現状に即した有用な規格に改善し、その標準規格を活用、継続的改善することにより、新たな森林管理とアウトサイド・イン・アプローチへの転換が進展することを期待したい。

（志賀和人）

3. 林業、マーケットとSDGs（環境に対応した木材）

(1) 私たちの暮らしと森林

　私たちが暮らす地球。この地球上には多くの動植物そしてまだ未知なる種が存在する。美しい木漏れ日、木々を覆う緑、その下で豊かな土壌と共に暮らす命と食物連鎖を通じたバトン。また熱帯林をはじめとする原生林や複雑に絡み合う生物多様性と共に、人々の手によって管理されてきた人と森とをつなぐ林業経営によって生み出された森林。これらの恩恵に支えられ、私たちの日々の暮らしが成り立っている。日本のように、何気ない生活を衣食住全てに満たされ日常を送ることが可能なその背景で、世界では今もなお森林破壊や気候変動によるリスクや被害、絶滅危惧種等の危機に瀕する動植物の存在がある。そしてその地域で生活する人々の命や権利、暮らしをどう守り、破壊のスピードを食い止められるのか、この時代に生まれた私たちの手にかかっているとも言えるだろう。

　環境に対応した木材というのはどのようなものを示すのか。木材そのものを見ただけでは、専門家を除いて一般的には理解し難いと言えるかも知れない。

　木材を巡る環境に視点をおくと、まず木材が調達された森林はどのような国や地域、自然環境なのか。適切な管理の元、生物多様性を喪失することなく、継続可能な形でその森林から伐採されたのか。どの木材がどれだけの量、調達されたのか、その結果、森林生態系に与える影響や、継続的な林業経営がなされているか、労働者や先住民の権利を守っているか等、環境のみならず社会的・経済的視点も含めて、いわば広義の意味で環境に対応した木材は多角的なニーズを満たすことになるだろう。

　森林がもたらす便益。人間の立場から見ると、森林の公益的機能を維持しながら、私たちは森や伐採された木を由来とする製品の恩恵の上に、暮らしが成り立っている。木材を加工し、住宅・家具・紙製品など多様な製品へと変化したモノたちに囲まれて生活が成り立っているのと同時に、特に都市部に暮らす人々にとって森林は癒しと憧れの地でもある。

　森林の減少やそこに暮らす動物や昆虫などが、危機に瀕していると知ること

で、胸を痛め何か出来ないのか、と考える若者も増えている。エコツアーや環境学習の機会も増え、特に海外の貴重な熱帯雨林や原生林をこれ以上破壊させたくない、という学生は、知ることからさらに行動へとどう移していけるのかを模索している。つまり、森を守りたいという想いは過去から現在、そして世代を超えて存在すると言えるが、実際に社会の仕組みや行動に繋がらないバリューアクションギャップも含めて考察が必要である。

(2) 森林認証と認証ラベルを選ぶ意義

　森林を構成する木々が伐採され、「木材」として輸出入または取引される場合、EUでの木材規制EUTR(EU Timber Regulation)をはじめ、各地で違法伐採材ではないことを証明確認する必要があり、国際社会では特にデューデリジェンスが重要である。日本ではクリーンウッド法が開始されているが、市場取引において、木製品や紙製品に至るまで、製品群が変化するにつれて、市場では、地球上のどの森林から来た木材で、違法伐採もしくは地域に著しく負荷をかけた形で伐採されたもの、また賄賂等腐敗防止の観点でも、信頼のおける責任ある調達に確実に繋がっているか、伐採時だけではなく、その後の管理体制までも含めて、誰もが確認することは困難である。その中で、森林認証制度は林業経営が適切に行われていなければ、そもそもスタートしない制度であり、所有権や管理方法、環境・社会・経済の柱となる基準と指標をもとに、第3者が審査し認証を付与することで、透明性・中立性を確保した上で保証される点、またサプライチェーンが繋がることで、追跡可能なシステムとなっており、林業の部分のみならず、CoC(Chain of Custody：加工流通過程の管理)の連鎖で、認証材と非認証材の混在や、加工流通段階における環境社会的リスクも回避することができる。また年に一度の審査実施によって、一度だけではない継続的な管理体制の運用が必要となる。

　認証審査には、FSC(Forest Stewardship Council)など基準を保有・管理するスキームオーナー、認証機関を認定する認定組織、認定されたのちに認証審査の実務を行う認証審査機関、そして審査を受審する林業者や団体、事業者、加工流通業者などが、それぞれの立場で認証と関わることになる。

　審査を行う審査員も、誰もが簡単になれるというものではない。要件を満た

したバックグラウンド、スキル、研修やテストを経て、審査員として登録され、さらに審査員資格も維持するために常に学びつつ、様々な条件をアップデートし続けなければならない。審査の現場において、不適合があった場合には、受審側は是正処置しなければ、認証書を手にすること、もしくは認証を継続することが困難となり、毎年行われる審査に備えて、管理や記録、規程されたマネジメントシステムを運用し続ける必要がある。

　また、そもそも森林認証に取り組むことは、自主的な行為であり、法律等で縛られているものではない。しかしながら、その取り組みを自ら実践し、管理や関係者への教育を行い、継続的に運用することで、今まであまり目を向けていなかった項目や管理方法、気づきがあることもあるだろう。国際社会の中で林業や森林・林産物に携わるものが押さえておくべき項目が網羅されているとも言える。森林は本来公益的な機能を持ち、林業は人々が手を入れることで成り立つ産業である。環境配慮や社会的側面にもきちんと目を向け、その上で経営をどう成り立たせるのか、そのバランス構築のガイドラインとしても活用出来る。

　経済性を追うだけではなく、環境社会的リスクを軽減し、さらに次世代に必要な産業として生まれ変わらせる要素が林業には潜在的に多いと思われれる。なぜなら、大切で破壊すべきではないということが、感覚的にも科学的データからも、多角的視点においてその重要性は誰もが否定出来ないからである。倫理的配慮をこの分野でもマーケティングを通じて広げていくことも、一つの石を投じるように必要なのかも知れない。

　森林における生物多様性の観点からは、種を守り多様性を保ちつつ、林業経営の面でも継続的な経営や森林管理システムの構築が求められ、一見経済性だけを追う、または環境保護のみを優先するといった極端な施策では、認証は取得出来ない。つまり、持続可能な森林経営を環境・社会・経済的視点からすべてのバランスがとれていなければならない、という基本に立ち戻る必要がある。

　自然保護の側面からは、貴重な天然林を保護することは最重要課題である。しかし人々は森林由来の原料に依存して生活を成り立たせてきた。住宅や家具等、木材をそのまま素材を活かして利用することは当然ながら、紙パルプやバイオマスエネルギーとして、木そのもののみならず、きのこや林産物等、森林から恩恵を直接受けているものをお金に換えることで産業となるもの、また森

林の公益的機能を評価した場合の側面でも林業は多大な価値があることは言うまでもない。その価値をどう評価し、だれが対価を払い、還元するのか。付加価値の高い林業という分野は木材利用や木材の対価だけではない制度設計と連携も必要となるだろう。

(3) SDGs(持続可能な開発目標)とアウトサイド・イン

SDGs(Sustainable Development Goals：持続可能な開発目標)。SDGsは、2001年に策定され開発分野における国際社会共通の目標であった、MDGs(Millennium Development Goals：ミレニアム開発目標)を継承しつつ、2015年9月の国連サミットで採択された「持続可能な開発のための2030アジェンダ」にて記載された2030年までの国際目標である。持続可能な世界を実現するための17のゴール・169のターゲットから構成され，地球上の誰一人として取り残さないことを誓い、持続可能な開発の経済的・社会的・環境的側面に横断的に関わる課題を広く包含している。そして、発展途上国のみならず、先進国にも共通する普遍的目標として、政府はもとより企業・個人など様々な立場からも行動に移すことを求めている。

サステナビリティ(持続可能性)への道のり。それは業種や立場によって、課題や解決のためのアプローチも様々である。しかしながら、これらのテーマは、個別の課題が複雑に絡み合っており、俯瞰した形で共通価値を持ちながら歩まなければならない。サステナブルな地球のためには、経済の安定、社会の公正、環境管理等が必要となるが、インサイド・アウトではなく、アウトサイド・インとして、外部的な社会的・世界的ニーズに基づいて設定されたSDGs。まさにSDGsは、業種や世代など垣根を越えて、共通言語として語ることが出来、皆がつながる拠り所となっている。

(4) SDGsと認証の関係性

持続可能な責任ある原材料調達を実践し、対外的に分かり易く示すには、認証制度は有効である。また、SDGsに貢献し、生物多様性を守ることに繋がる木材として、国際的にも誰もが理解しやすい指標及びラベルは、森林認証制度とそのラベルであろう。

3. 林業、マーケットとSDGs（環境に対応した木材）

表3-3-1　FSCが貢献するSDGsの11の目標と35項目のターゲット（達成基準）

	持続可能な開発目標	ターゲット（達成基準）
	目標1.　あらゆる場所のあらゆる形態の貧困を終わらせる	1.5
	目標2.　飢餓を終わらせ、食料安全保障及び栄養改善を実現し、持続可能な農業を促進する	2.4
	目標5.　ジェンダー平等を達成し、すべての女性及び女児の能力強化を行う	5.5　5.a
	目標6.　すべての人々の水と衛生の利用可能性と持続可能な管理を確保する	6.4　6.5　6.6
	目標7.　すべての人々の、安価かつ信頼できる持続可能な近代的エネルギーへのアクセスを確保する	7.2
	目標8.　包摂的かつ持続可能な経済成長及びすべての人々の完全かつ生産的な雇用と働きがいのある人間らしい雇用（ディーセント・ワーク）を促進する	8.4　8.5　8.7　8.8
	目標12.　持続可能な生産消費形態を確保する	12.1　12.2　12.5　12.6 12.7　12.8　12.a
	目標13.　気候変動及びその影響を軽減するための緊急対策を講じる	13.1
	目標15.　陸域生態系の保護、回復、持続可能な利用の推進、持続可能な森林の経営、砂漠化への対処、ならびに土地の劣化の阻止・回復及び生物多様性の損失を阻止する	15.1　15.2　15.3　15.4 15.5　15.7　15.8　15.c
	目標16.　持続可能な開発のための平和で包摂的な社会を促進し、すべての人々に司法へのアクセスを提供し、あらゆるレベルにおいて効果的で説明責任のある包摂的な制度を構築する	16.3　16.5　16.6　16.7
	目標17.　持続可能な開発のための実施手段を強化し、グローバル・パートナーシップを活性化する	17.1　17.11　17.17

　SDGsの目標やターゲットは複雑に関連しているが、森林認証においても、主な目標15だけではなく、例えば、FSCでは、SDGsの11の目標と35項目のターゲットに貢献すると発表している（**表3-3-1**）。

　またSDGsと認証とを横断的に見てみると、森林認証のFSC、PEFC（Programme for the Endorsement of Forest Certification Schemes）、日本から生まれた森林認証である、緑の循環認証会議（SGEC：Sustainable Green Ecosystem Council）の他、様々な環境社会に配慮した認証の多くがSDGsの達成に貢献し、

深い繋がりが読み取れる。

例えば、同じ森林破壊の原因としても指摘される、アブラヤシの大規模プランテーションに対しては、インドネシア・マレーシアを中心に問題視されているが、その対応策として、パーム油の認証、RSPO（Roundtable on Sustainable Palm Oil）が挙げられる。また、水産物では、漁業のMSC（Marine Stewardship Council）、養殖のASC（Aquaculture Stewardship Council）、農業全般ではGLOBAL G.A.P.、RA（Rainforest Alliance）、オーガニック（有機）農業については、日本の有機JAS、EUのEU organic regulationやアメリカのUSDA-NOP（USDA National Organic Program）など国が定めた基準と認証が存在する。オーガニックでは食の他、綿花を中心とした繊維認証も存在し、その原料には、IFOAM（International Federation of Organic Agriculture Movements：国際有機農業運動連盟）のFAMILY OF STANDARDSによって評価され認められている国際的な基準に従って約3年以上管理を行い、認証機関によって認証を受けた農地で栽培された綿花を原料とする必要がある。そこから摘み取られた綿花を紡績し、最終製品までの加工流通過程では別の民間の基準が用いられる。その基準は、GOTS（Global Organic Textile Standard）や、TE（Textile Exchange）が保有するOCS（Organic Content Standard）などがあるが、繊維製品の原料や下げ札等に使用されるものが森林由来であった場合には、森林認証材を使用することが規定され、認証が業界の垣根を越えて、連携活用し合う要素も見受けられる。フェアトレードの分野では国際フェアトレードラベル機構による国際フェアトレード認証ラベル（Fairtrade International）と、WFTO（世界フェアトレード機関：World Fair Trade Organization）などが日本でも目にすることが出来る。これらの認証は各々SDGsについて、ターゲットもいくつか複合的に関係し貢献することを主張している（図3-3-1）。

(5) 持続可能な責任ある調達と調達方針

そもそも、市場では多くのグローバル企業において、調達方針に森林由来を原料とする製品には、森林認証材を使用することを掲げることは珍しいことではなく、由来の不明なものは排除される傾向にある。日本企業においても、例えば、イオンではイオン持続可能な調達原則にて、紙・パルプ・木材のイオン

3. 林業、マーケットとSDGs（環境に対応した木材） 69

MSC（海洋管理協議会）
(Marine Stewardship Council)
持続可能で、環境に配慮した漁業で獲られた水産物の証、MSC「海のエコラベル」。

GOTS（オーガニックテキスタイル世界基準）
Global Organic Textile Standard
オーガニックの繊維製品の認証マーク。有機栽培（飼育）の原料から環境と社会に配慮し加工されたことを示す。

ASC（水産養殖管理協議会）
Aquaculture Stewardship Council
環境と生産者や地域住民に配慮して養殖された水産物であることを証明する。

OCS ※
Organic Content Standard
原料から最終製品までの履歴を追跡し、その商品がオーガニック繊維製品であることを証明する。

FSC®（森林管理協議会）※
Forest Stewardship Council®
森の環境、地域の人々に配慮し、将来も豊かな森を維持できるよう管理された森の木材等が責任をもって調達されていることを示す。

有機JAS
Organic JAS Logo
JAS法で定められた有機生産基準で生産、加工された食品。自然循環機能を活用した方法で生産されていることを示す。

レインフォレスト・アライアンス認証マーク
Rainforest Alliance Certified™ seal
産地の環境や人々の生活向上のため、持続可能な農業の基準を満たした農園で生産された作物が使用されていることを証明する。

RSPO（持続可能なパーム油のための円卓会議）
Roundtable on Sustainable Palm Oil
パーム油の生産が熱帯雨林や生物の多様性、人々の生活に悪影響を及ぼさないように持続可能な原料を使用、またはその生産に貢献した製品であることを示す。

国際フェアトレード認証ラベル
FAIRTRADE Mark
開発途上国の生産者への適正価格の保証や人権・環境に配慮した一定の基準が守られていることを示す。

2019年6月現在

図3-3-1　さまざまな認証ラベルたち

それぞれの認証ラベルは、個々の認証について基準を満たしているかどうかを、認定された認証審査機関による定期的な審査を通して、認められた商品にのみつけることができます。ここでは生物多様性を守り、環境・社会的配慮、持続可能な責任ある原材料調達、SDGsへの貢献、そしてエシカル消費にもつながる国際認証ラベルを「サステナブル・ラベル」と総称し紹介しています。
※認証原料の含有率などにより、ラベルにいくつかパターンが存在するものもあります。

持続可能な調達方針に、「適切に管理された森から生産された木材やパルプを商品の原材料や店舗の資材に活用し、森林破壊の防止に努めます」とし、持続可能な調達方針2020年目標では、「主要なカテゴリーのプライベートブランドについて、持続可能な認証(FSC認証等)原料の100％利用をめざす」と宣言。同じく森林破壊のもう一つの要因としてあげられるパーム油についても、「プライベートブランドは、持続可能な認証(RSPO等)原料の100％利用をめざす」としている。

　また、花王でも、「持続可能な紙・パルプ」の調達ガイドラインを設け、「2020年までに、花王製品に使用する紙・パルプ、包装材料および事務用紙は、再生紙、または持続可能性に配慮したもののみを購入する」とし、持続可能性配慮の確認方法では、「森林認証(FSC、PEFC：森林認証プログラム、その他の信頼しうる認証)を受けているなど、適切な管理のもとに生産された紙・パルプであることが、第3者によって認証されていること」となっており、「FSC認証材の調達宣言」を日本企業6社と共同で発表するなど、本業ではパーム油をはじめとする原材料への配慮、また段ボールも含めた梱包・包装資材についても、森林認証材を積極的に使用している。サステナブル転換のきっかけとして、ストーリーのある認証は広がりと更なる可能性があり、企業の自らの実践が、競合他社や他業界へも影響を与えているとも言えよう。

　それから、東京オリンピック・パラリンピックの持続可能性に配慮した調達コードにおいても、調達基準に森林認証材が適合度の高いものとして原則認められている。今後、国際社会において、日本で運用されているグリーン調達から、更なるエシカル&サステナブル調達へと深みが増すことが求められる時代となるかも知れない。

(6) マーケットと消費者ニーズ

　持続可能な原材料調達を通じて、どこの地域からどんな環境で伐採され、どこで製造し、だれがどのように管理・製造・責任を持ち、最終的にチェーンが繋がり最終製品となり、消費者の手に届くのか。そのサプライチェーン・バリューチェーン全体で、持続可能且つ責任ある管理体制のもと、出来上がったものなのか、それを知る手立てが、一般の消費者にはなかなか身近ではない。

3. 林業、マーケットとSDGs（環境に対応した木材）

モノやアイテムが最初に調達される、生まれる場所が林産物では森林であり、その森林そして林業の在り方がどんな状態にあるのか、直接関わったことのない人々にも関心が高まりつつある。高校生がボルネオなどにスタディツアーへ行き、熱帯雨林の破壊の現状を知り、日本の木材を使うプロジェクトを始めたり、コットン農家やカカオの生産地について知り、農薬の被害を減少させたり、児童労働のない社会に向けて活動を始める若者もいる。

　身近な生活においては、欧米をはじめ、海外のほうが日本よりも先行し、スーパーマーケットなどで認証ラベルを目にすることができ、信頼できるラベルは何かを市民レベルでも知る機会が多いようだ。とても小さなお店でも、食ではオーガニックラベル付き製品やフェアトレードを選択する消費者が少なからず存在し、そのパッケージにも森林認証ラベルを発見することも多く、日本でも鉛筆や用紙から、飲食物のパッケージやトイレットペーパー、さらに洋服の下げ札などにも、認証ラベルが浸透しつつある。

　また、意識して認証製品を購入する存在は少数派なのではないか、という議論もある。確かにラベルを常にチェックする消費者はまだ少ないかも知れないが、認証ラベルが最終製品に付いているか、消費者が選択する手段として重要だということ以上に、持続可能な経営を目指す企業の調達方針等の条件に、認証を位置づける傾向が強いと言えるだろう。グローバル企業は特に、多くの原材料を不特定多数の地域や調達先から調達し、製造流通加工を経て、最終製品として販売に至る。その背景ですべての調達先はサプライヤーに自社がすべて現地調査やヒアリング等を実施し、確実に持続可能な生産と調達に繋がっているのか、自社が掲げている調達方針に合致しているか、原則や基準に則って管理されているかを、自らすべてのチェーンを辿り、確認していくことは、かなりハードルが高いとも言える。その点を書類でのアンケート調査のみで済ませてしまうケースも少なくない。手間が増える半面、実際に現地でどのように、誰が管理し、教育まで含めてなされているのか、マニュアル等での付け焼刃的な書面だけではなく、それが実際に実務の現場で従業員が理解した上で、運用されなければ、意味をなさない。

　想いのある生産者から生み出された認証品が取引され、企業も積極的に活用し、最終的に消費者も、認証ラベル付き製品を選択することが容易になる社会

が循環することで、認証の意義が理解され、透明性・中立性が担保されることで、より信頼性が増すことになる。

(7) エシカル消費との接点

地球環境の悪化や気候変動、社会的課題に対して何か消費者一人ひとりからでも行動に移せることとして、昨今、エシカル消費への関心が広がりつつある。

エシカル(Ethical)とは、倫理的・道徳上という意味であるが、環境や社会に配慮した製品やサービスといった捉え方の傾向が強く、「三方良し」や「おかげさま」など日本で浸透している考え方とも共通点が多いとされている。エシカル消費は、日々消費する様々なものの背景を考えようという視点から、生産に携わる人々の働き方や生活への影響や、生産地の自然環境や生態系・動植物への配慮、持続可能な資源利用に繋がっているか、動物福祉(アニマルウェルフェア)や伝統工芸、障がい者支援など、業種の垣根を越えて、様々な視点で捉える事が出来る。日本ではエシカルファッションの領域からオーガニックやフェアトレードなどが先行して広がってきたが、衣食住を通じてエシカル&サステナブルなライフスタイルを望む人も徐々に増えつつあるのではなかろうか。その背景には、少なからず自然環境や社会に配慮された製品を購入・使用したい、悪影響を及ぼす製品やサービスはなるべく利用したくない、と考える消費者が生産物の背景や地球の裏側で起こっていることを知る機会や、情報が容易に入手出来る時代ということもあるだろう。想いと実際の行動が結びつかない、例えば消費者がエシカルな価値観を持っているが、それが実際の行動につながらないというバリューアクションギャップについて、2017年グローバルコンパクトで開催された日中韓ラウンドテーブルでは、「どのように企業は消費者に対してより"エシカルな考え方"を促すことができると思うか」という質問に対し、参加者から回答を求めたところ、①サプライチェーンの見直し等を通じて手ごろな製品・サービスを開発する。②認証ラベルなどを通じ、透明性が高くわかりやすい情報を伝える、③ Internet of Things(IoT)技術やSNS等を通じ、エシカルなライフスタイルや商品の活用方法を提案する、④寄付商品の開発など、消費者が気軽に"エシカル"活動に参加できるスキームを提供する、⑤自社の従業員に対し、倫理的な消費活動を促す、という5つの選択肢の中で、「認

証ラベルなどを通じ、透明性が高くわかりやすい情報を伝える」が42％と一番高い結果となった。ISOでもEthical claims（エシカルクレイム）について議論が進んでおり、エシカルだと主張する際に、より信頼性・透明性の高さと裏付け情報が求められる傾向にあるが、消費者庁や地方行政がエシカル消費の普及に力を入れる中でも、実践する手段として、認証ラベル付き製品を選びましょうという教育や普及啓発が浸透しつつあり、エシカルかどうかの判断基準として認証製品が選択される機会が増えている。

(8) SDGsと成長戦略、そしてその先へ

　SDGsは2030年に向けてGlobal Goals（世界の目標）として今盛んになっているが、林業そのものは更に50年100年と他の産業に比べ、長期的ビジョンと計画の元、施行計画に則って管理され、事業が継続されていく。また、木を植え育て、伐採後も炭素が固定され様々な形へと変貌が可能な上、製品として寿命を終え、廃棄されたとしても、土や自然へ回帰することが出来る。

　認証は、サステナビリティにおける世界共通のモノサシであり、運転免許証のようなものと例えられることもある。つまり、一定の基準を満たしているということを、第3者の視点でテストを受け、合格したものが認証書であり、認証製品としてラベルを添付することが出来る仕組みであり、基準やモノサシなしでこの木材は良い物だ、素晴らしい林業を成し遂げているということを伝えるよりも、誰もがわかる形で平易に言い換えられ、世界へも発信することが出来るという共有ツールとして、認証が存在し、さらにSDGsへの貢献についても同様に主張することが出来る。

　消費者や一般の人々がすべてのサプライチェーンを辿り、自分で背景にあるリスクや環境社会配慮についてチェックすることは容易ではない。その点で、誰かの代わりに専門家が現地を確認し、決められたチェック項目をクリアしていると見なすことができるという点では、今後も日本でのニーズが増すであろう。本物だと主張する際に、何を基準にどんな視点でPRするのか。そのマーケットにどうアプローチしていくのか、認証やラベルを通じたコミュニケーションがどの分野や業種でも期待される。また、Environment（環境）、Social（社会）、Governance（ガバナンス＝統治）、このESG投資が盛んになりつつある

今、投資家による要求もさることながら、あらゆるステークホルダーから対応が求められる時代である。

(9) 海外事例にみるマーケット

森林認証のみならず、海外では認証ラベルが溢れている。飛行機内からホテル・レストラン・小売店やファーストフードでも、オーガニックやフェアトレードの飲食物や製品にはFSCラベルがあり、製品の中身だけではなく紙媒体やパッケージを通じて、他の認証ラベルと共に、森林認証は多様な広がりを見せている。さらに厳しい認証へと挑戦し多くのラベルを製品に付ける傾向もある。

海外の認証取得業者の中には、持続可能な取り組みは当然のこととして、認証をやらない理由がむしろ見当たらないという声も聞く。長期的ビジョンを描く上で、その達成への道筋に自分の考えだけでは到底辿り着けないような、具体的な方法論のヒントが認証には多々あるという。また、スウェーデンの経営者達の話では、誰も着手していなければ自らが最初の挑戦者となり、その地域や業界のトップになる利点と共に、自社だけではなく取引先や競合相手であっても認証を通じて仲間を増やすことで、持続可能な社会づくりに繋げている。

そして、スーパーマーケット等小売店では、様々なラベルをまとめて啓発し、消費者への選択にラベル付き製品を選ぶことの意義を伝えている。むしろ認証ラベルが付いていない製品を探す方が大変なアイテムもあり、押しつけるのではなく柔らかく楽しげに、素敵なポイントを伝え、街中では意識しなくともラベル付きのアイテムを手にする機会も多い。そこには、誰もが気軽に日常使い出来る仕組みがあり、行動経済学のナッジ理論に基づくアプローチの工夫等、科学的分析に基づいた、人々の行動を変える戦略や根拠説明も見受けられる。

(10) 選択の基準がもたらす持続可能な社会

人々は日々、何かを選択して生きている。プライベートでも買い物をはじめ生活の中で何某か選択する瞬間は多々あるだろう。またビジネスにおいても同様である。認証製品が売れない、利益に繋がらないという意見がある一方で、その効果は計り知れない。森林が健全な林業経営の元に適切に管理され、素晴

らしい森から伐採された木材を大切に使うことで、水源涵養や公益的機能を維持するのは当然ながら、人が手を入れることで維持される美しい森林があること。その種の多様性がもたらす未来を考えると、林業経営が不振になってしまう要因の中で、まさに「持続可能な森林経営」の在り方とそれを支えるマーケット、そして教育と社会形成の底上げが必要であろう。森林認証材は、トレーサビリティ（追跡可能）な点から、違法伐採材や背景が見えないものを避ける手段でもあり、適切な森林管理経営が成された森から直接・間接的にその木材を調達したい、というニーズも満たし、さらにストーリーを語ることで、時には感動を与える要素もある。しかしながら、認証はあくまでツールであり、魔法の杖ではない。また、製品に付けられるラベルは、その品質や強度、味などの保証しているものではなく、その点を誤解されないような正しい普及啓発が必要だとも言える。

　生物多様性を守り、環境・社会的配慮、持続可能な責任ある原材料調達、SDGsへの貢献、そしてエシカル消費にもつながる森林認証をはじめとする国際認証ラベルをさらにマーケットへ普及することは、倫理的な生産・流通・消費を促進し、持続可能な社会の実現への歩みにも繋がることだろう。

　生きとし生けるものが進化するように、社会も進化しつつある。本当に価値を見いだせる変革を起こさなければ、地球も人類もいつ何が起こっても不思議ではない。従来の慣習や時代、様々な要因で、理解しているが実現に向けて行動に移せなかったことがあるとするならば、そのしがらみや、開けることの出来なかった新たな扉を、まさに今開く鍵となるキーワードがSDGsであり、ツールが認証なのではなかろうか。また、認証は活動の正当性や公共性を示すことが出来る側面もあり、SDGsのゴール12「持続可能な生産消費形態を確保する」ことにも深く関与している。素晴らしい森林から、持続可能な責任ある調達がなされた認証材が流通し、加工流通過程ではCSR（企業の社会的責任）が実践され、エシカル消費としての出口へと繋がり、サステナブルなライフスタイルを提案することで、想いと行動が矛盾しない生き方が出来る社会となり、SDGsが目指す「我々の世界を変革する」ことで実現された、美しい未来へと繋がることを期待している。

（山口真奈美）

4. 森林認証と林業革命

(1) 私にとっての認証とは

　森林認証は「自ら学び、自らが選び、自らが取得する」もので、誰にも強制されもせず、ましてや黙って取得できるものでもありません。

　いま日本の林業は政府の手厚い補助が受けられ、それゆえに経営の方向を決めるのは、林野庁の政策の方向によって左右される。林野庁が描いた方向に逆らうのでもなく、異なることさえも行わなくなっている国内の林業にとっては、新しい視点を持つことができる機会になります。

　私が2000年に日本で初めてFSC認証を取得[*]した時に、なぜFSC認証を取得しようとしたかは、日本という狭い国土で森林管理をしている自分の林業が世界の中でどのようなものとして評価されるか、国内ではほとんど評価されることがなかった環境管理型の林業はこれで良いのかなどを知りたかったからです。

　そこで気づかされたことは、森林管理は政府と密接な関係を築く必要はあるが、自由経済の中で自らが森林管理の方向性を決めていくことが先進国の森林管理では当然のことで、政府も国民、林業関係者と密接で丁重な議論で方針を決めているということです。

　国内には古くから個人レベルで森林施業計画、今は森林経営計画という自分の森林管理の5年間の方針を行政に提出する制度があり、国からの補助もこの制度を基本としています。森林管理に意欲を持っている者の多くはこれを作成提出しています。

　この制度はあくまでも数字的な計画と実行の担保であり、そこから成立する森林の実態、内容、あるいはその森林管理から影響をうける多くの人々や環境に関しては、全く関わることない計画です。

　FSC森林認証が成立時求められた役割は、森林の適切な管理と流通や貿易から違法伐採の木材や持続性を確保できていない森林管理からの木材を流通させないために、森林、林業の関係者、消費者団体や先住民の団体、人権団体等々、森林とかかわりのある多くの人々が集まり、求めて作られました。その前提に

---

[*] FSCライセンス番号：FSC-C005814

本来であれば国際的な条約で縛るものであるべきですが、森林はあまりにも社
会性が強くそれはかなえられていません。

(2) FSC ができる過程

　1980年代から環境問題が顕著化する中で1992年にブラジルのリオデジャネ
イロで172か国の政府代表や国際機関、そしてNGOが集まり、開催された「国
連環境開発会議」(地球サミット、UNCED)は、「持続可能な開発」という理念に
おいて環境と開発の両立を目指して開催されたものでした。

　その中で森林破壊の問題は、特に熱帯雨林の破壊が顕著であり、先進国を中
心にその破壊を止めるために法的拘束力のある「世界森林条約」制定を目指し
ていましたが、木材が主要な輸出物資である開発途上国の反対は強く、「全て
の種類の森林経営、保全および持続可能な開発に関する世界的合意のために法
的拘束力のない権威ある原則声明」(森林原則声明)が「国連環境会議」で結ばれ
ました。ここでは「全ての種類の森林……」と書かれていて、熱帯雨林のみで
なく温帯林も含めた持続性を確保した森林管理を求めたのですが、あくまでも
声明であって条約ではありませんでした。

　その為に政府間の条約制定を待つまでもなく民間が積極的に基準を作り、適
切に管理された森林からの生産物を消費者に選択的に購入を進める認証制度
の必要性を多くの森林関係者や環境NGO、あるいは森林と関係の深い先住民
の人権を守ろうとするNGOなどが求めて、1990年には既にそのようなシス
テムを構築する動きが始まっていました。ここですでにFSCの理念を決定し
「Forest Stewardship Council (森林管理協議会)」と命名されていました。

　その後、今でもFSCが様々な機会に大事にしているコンサルテーションを
各国で行い1993年にカナダのトロントで設立総会が26か国の人々が集まり理
事会が作られ、早速メキシコで初めて森林に対するFM認証が、米国で加工流
通のCoC認証が認められました。

　翌年の1994年にメキシコのオアハカで法人として設立されましたが、その
後会議を開催する度に世界各国から集まることの利便性などからドイツのボン
に本部機能を移して今に至っています。

(3) 私と認証との出会い

環境に配慮する林業を意識して森林管理を行ってきましたが、原点はカモシカの被害対策でした。岐阜県でカモシカ被害が大きくなって地元林業関係者は積極的な頭数管理を求めました。天然記念物であるカモシカの捕獲や頭数管理はそう簡単にいくものではありませんでした。私の地域(三重県紀北町)でも住宅に近いところまでカモシカが生息域を広げて、植栽木の食害被害は目に余る状況になっていました。

この問題を議論する機会が増えて、政府にも要求を出しながら、その時に感じたのは、もちろん被害は本当に困るが、山でカモシカを含めた野生生物と出会うことは林業者の立場とは別に心がワクワクするもので、林業とはそれらの命と共に木々を育てる仕事ではないかと思うようになりました

その後、父の時代から土壌を大事にするためにヒノキの林に下草や広葉樹を繁茂させていた状況を環境的な側面で見るようになりました。

1997年に全国森林組合連合会の故小宮英明専務理事から、当時開催されていたISO14000シリーズを森林に適用させる国際的なワークショップに私が出席するように求められ、1998年1月にヘルシンキの国際会議に向かいました。その時にやはり大規模に森林を所有している企業の方の出席も必要ではないかとの私の判断で、住友林業の当時のグリーン環境室長で後に日大教授になられた小林紀之氏をお誘いして同行していただきました。

その会合には各国の森林関係者が出ており、その取り扱う木材量を合計すると世界の木材貿易量の半分以上になるという出席者でした。そこでの議論は極めて専門的で特にISO14000の認証システムの原則と第三者認証としての価値をしっかりと認識させられるものでした。

その会合にはFSCの議長も出席しており、ISO14000で森林を認証することが適切でないことなどを指摘するなど、議論への参加もあり、私にとっては林業というものの新しい物差しがあることに驚きとそれに対して様々な議論があることに気づかされた機会でありました。

帰国後、林野庁への報告の際には「森林の第三者認証が動き出すのでぜひ林野庁はその対応をしてほしい」とお願いしました。

私自身はFSCを国際的にサポートしていたWWF(世界自然保護基金)の働き

掛けもあり、FSCを学んでみました。するとISO14000がマネージメントシステムの環境認証であるのに対してFSCは管理の結果出来上がった森林自体が検査の主要な対象となるパフォーマンス認証であることが理解できました。

　林業は対象とする森林自体が環境要素であり、その環境を人に便利なように改変するのが仕事であるから、その成果である森林というパフォーマンスに注目することは非常に重要であることが分かります。またシステムを対象として審査されるISO14000に比べるとFSCは求められる書類の量は比較にならないほど少ないことで、私自身にとっても今後の日本での林業の第三者認証を考えても負担が小さいと考えられました。

　もう一つ重要なことがあります。このシステム認証とパフォーマンス認証は審査対象が異なるだけでなく、製品にラベリングができるのはパフォーマンス認証だけだからです。つまりパフォーマンス認証は一定の基準が決められており、それを超えたものが認証されることで、ラベリングが可能になります。ここは大きな違いです。

　このような知識の増加と共に、自分自身の森林を評価してみたいとの思いに動かされて、結果的に1999年に当時もっとも厳しい審査を行うと噂のあった米国ポートランドにあるSCS(Scientific Certification Systems, Inc.)からDr. Robert J. Hrubesの審査を受けて、2000年2月日本で最初のFSCの認証をうけました。

　このDr. Hrubesの審査時の様々な質問や指摘は、私にとっては非常に新鮮なもので、林業や森林の見方に新しい視点をもらえました。その後認証の相談を受けると、「可能な限り海外から審査員を呼んでもらいなさい。そこから得られる審査時の知識は決して無駄にならない」と申し上げています。

(4) FSCから他の認証の発足へ

　住友林業は私がFSCを取得するより早くISO14001を取得されていました。流石に大企業です。しかし当時の山林部長をされていた真下正樹氏は日本型の森林認証制度の必要性を説いて、日本林業協会に2001年に森林認証制度検討委員会を立ち上げて、翌年の2002年の12月に報告書として提言を出されました。それは「我が国にふさわしい森林認証制度として、『緑の循環認証会議

（SGEC）』の設立を提言する」というものでありました。また企業の中の一部は、国際的な環境NGOの影響が強く出ているFSCに抵抗を持つ企業のあったことも事実でしたし、「我が国にふさわしい日本型」という言葉は林業以外の方々にも支持を受けやすいことでした。

　国際的にみるとFSCの基準の中で、先住民の権利など政府の方針とそぐわない基準があり、一部の国では不満もあり、1999年にPEFC（Pan European Forest Certification）が出来上がり、2000年に欧州5か国の国別に作られていた森林認証制度と相互認証を行いました。後に欧州から全世界の森林を対象にするために「Programme for the Endorsement of Forest Certification」に略はPEFCのままで名称を変更して現在に至っています。この認証の特徴は各国の国内の認証制度との相互承認を中心としていました。

　国内の認証ができるときに中心におられたのは、前述の真下氏であり私もとても親しかったこともあり、よく議論をしました。そこでは当時18％台であった国産材の自給率を前提に私は真下氏に「森林の認証は良いとしても、自給率が低い国では国内独自の森林認証制度は、流通側の支持は得にくいから行き詰まる可能性が高い。ましてやPEFCは相互承認を進めていて、どちらかと言えば木材輸出国はPEFCと自国内の認証制度を相互承認させることで、輸出を容易にさせようとするだろう。国内独自の認証が出来て、それに林野外郭団体が皆乗るだろうから森林側の普及は間違いない。もし将来行き詰まった時は間違いなくPEFCと一緒になるという話が出ますよ。輸出振興型、日本から言えば楽な相互承認で認証を取得した認証輸入材を赤い絨毯を引いて待っているようなものですよ。国際的にはより厳しいFSCが国内で普及すれば、輸入材に対する抵抗力にもなる」と申し上げた記憶があります。真下氏は「絶対にそんなことにはならない」と言い切った言葉が思い起こされます。

　当時SGECの普及に係わっていた林野庁OBで外郭団体の専務が「外人の作った（実はもっとあからさまの表現であった）基準で日本の森林を審査させてたまるか」との言葉もいただきました。そのあたりからもう論理的な議論は無理だと感じ始めました。当時私が感じたことは、国内の認証を作ることに集まった方々で、森林認証をしっかりと理解されていた方は、数少なく、まず真下氏は非常に詳しく、また森林総研においでになった藤森先生が認証の仕組みとい

うよりモントリオールプロセスに詳しく、基準・指標を作られました。モントリオールプロセスは欧州を除く米国やカナダ、日本など12か国、世界に森林の半数を占める国々が集まって、温帯林・寒帯林の持続可能な森林経営を目指した政府間の合意です。

FSCは当然モントリオールプロセスなど世界に9つある政府間合意の各プロセスも視野に入れていますが、独自の原則と基準をもって運営されています。その点がSGECと大きく異なります。またPEFCもこれら世界各地でできている9つのプロセスを大事にして、各国が作っている独自認証との相互認証が原則となっています。

結果的にその後SGECは当初大手製紙会社など大手林業会社が運営の資金援助をしていましたがそれが終わると、資金など様々な状況で、早急対策を迫られて、現在のPEFCとの相互承認状況に至っています。具体的に相互承認に至る過程では、非常に有能な元林野庁の職員の方々がしっかりと関わり、SGCEの認証基準に比べて厳しいPEFCの基準を克復して相互承認に至りました。やはりその点では若干教条的であるFSCジャパンの活動よりは、柔軟性と適応性を兼ね備えた組織であったのでしょう。

私自身は、現在の国内での森林認証の普及はSGECの果たした役割は非常に大きいものと思っています。しかし東南アジア諸国など国独自の認証が天然林の人工林化や先住民や森林に依存する人々の人権、成文化されていない土地所有や利用の権利が確実に保証されないなど問題を有している認証とPEFCは相互承認が行われて、PEFC認証材として国内に入ってきます。そのルートをSGECが作ってしまったことは事実です。2020年東京オリンピックの型枠合板の問題もそこにあるのかもしれません。

今後PEFCがより厳しい基準で運営されることを願います。また既に国内ではFSC、SGEC・PEFCと2つの国際認証が共存しています。相互が尊重しあいながらより高みを目指して切磋琢磨していきたいと考えています。一時期のような一部のSGEC関係者のFSCへの敵対的な感情は既に薄まり、お互いに得意分野で国内の森林管理の向上の役割を果たしていきたいと願っています。

国内の森林認証が、どのように発展してきたかを詳しく知る者も現役では少なくなり、一つの歴史としてここに記録したいとの思いもあり、少し厳しい話

も含みましたが書かせてもらいました。

(5) 認証に対応した森林管理

　私が森林認証を取得するときには、日本語の審査基準もなく10の原則と56の基準(現在70の基準)をしっかりと読み込んで、実際に行っている作業をそれぞれに当てはめるという整理を行って、認証の準備を行いました。

　審査直前にはブラジルで行われた人工林主体の認証時に使われた英語の運用細則が入手できて、それを見て参考にしました。

　結局、認証に対して環境基準の文章化や使用していた薬剤のWHO基準など可能な限りドキュメントの準備をし、現場の作業員にも何度かミーティングを開き、それぞれの作業がどんな意味があるかをお互いに理解して、実際の作業を基準に当てはめてみると、少し変える必要があったり、より一層意識を持つ必要があったり、あるいは思っている以上に対応ができていたりと気づきが多くありました。特に水系への影響軽減は今まで考えたことがありませんでした。実際の審査時に道が谷と接近したまま平行に開設されていたことを「何故そうしたか」と厳しく問われると答えは「単純に付けやすかったから」でした。あるいは速水林業のステークホルダーへの配慮という点でも、そのステークホルダーと言う言葉の捉え方は、狭い範囲でしかありませんでした。森林がそれほど多くの人々とのかかわりがあることも気づかされました。

　次頁にその時に作った「速水林業の環境方針」を書き出し、「環境方針の具体例」と「各作業の環境的取り扱い」の項目を書き出してみます。なお「環境方針の具体例」に関しては参考までに「1. 生物多様性」の項目だけ細目をここに書きました。また「各作業の環境的取り扱い」も「1. 皆伐」だけ書き出しました。

速水林業の環境方針

　速水林業は基本計画に基づいて森林経営を行うことにより豊かな森林環境を維持し、人類の生存の為に地球環境に貢献することと共に、地域社会の安定に尽くすことを目標とする。

　【「最も美しい森林は、また最も収穫多き森林である」アルフレート・メーラー（1860 年〜1922 年）「恒続林思想」】を最も重要な方針として長く維持してきている。（2002 年 4 月 2 行追加）

1. 当林業は、適応される法律上の要求事項及び FSC の原則を遵守する。
2. 当林業は、効率的な事業を実行する。
3. 当林業は、生産される木材の効率的な販売を実行する。
4. 当林業は、地域社会に対する影響を考慮しながら経営を行う。
5. 当林業は、環境負荷の少ない森林施業を実行する。
6. 当林業は、地域住民に当環境方針を公開し、これに対する意見を常に検討する。
7. 当林業は、利害関係者との協議が出来る体制を維持する。
8. 当林業は、当組織において可能な限り、管理する林地において行われる他の事業体の事業に環境負荷を少なくさせる事を要求、奨励する。
9. 当林業は、従業員の安全確保と健康管理、並びに雇用の維持に努力する。
10. 当林業は、当方針を従業員全員に教育を行い、作業の習熟のための教育も同時に実行する。
11. 当林業は、持ちうる森林管理技術を公開することによって他の林業事業体あるいは地域の森林所有者に環境的配慮の知識を普及することに努める。
12. 当林業は、当方針が効果を上げるように監視し、継続的に促進する。
13. 日本に於いての継承税制は当林業規模の森林所有者に対しては、高率の税が課されるため、その状況が発生した場合は臨時的に伐採量が急激に増大することはさけられない。そのため長期的に見た保続性に重きを置いて考える。

速水林業代表

速水　亨

1999 年 8 月作成、2002 年 4 月改め

環境方針の具体例

1. 生物多様性の確保
　①当林業はヒノキ、スギの人工造林を基本として事業を継続していくことからこれらの林分の中層には広葉樹、下層には適切な下層植生を維持、育成することによって生物多様性を確保していく。

②人工林は動物の食害防止に努め、野生生物との共存の可能性を高める。

③林地内を流れる渓流の水質汚染を防ぐための適切な対応を行い、水生生物の多様性を確保すると共に常水河川の周辺の河畔林を維持する。（2002年4月改め）

④化学薬品を使用する場合は、生物の遺伝子に影響を与えると証明されている物質は使用せず、また可能な限り周辺環境に影響の少ない薬剤を利用していく。

⑤広葉樹林は環境的配慮を行いながら取り扱う。

⑥林地に地域の原自然条件を再生した部分を配置する努力をする。

2．土地利用の効率化

3．木材の効率的利用

4．土壌浸食を防ぐ

5．森林の健全性の確保

6．化学薬剤の取り扱い

7．森林被害の対応

8．森林内の事業の事前調査（評価方法は別紙に添付する）

9．速水林業関係者以外の森林利用

各作業の環境的取り扱い

1．皆伐

①伐採準備のための下刈りに於いては可能な限り下草、広葉樹を残すこと。

②林内あるいは隣接する常水河川の周辺の林は河川から5mを目標として残すこと。（2002年4月改め）

③伐採木の残枝等は河川に放置せず、可能な限り林内にもどす。

④再造林しても生長量の望めない場所は伐採せず残し、場合によっては広葉樹に植生を誘導していく。

2．地拵え

3．植え付け

4．下刈り

5．除間伐

6．枝打ち

7．造材

8．車両、機械類に関して

9．搬出作業

10．一般的注意

「環境方針の具体例」と「各作業の環境的取り扱い」はそれぞれの要素をクロスチェックできるように考え、これらは作業員と相談しながら作っていきました。環境を意識した管理を行ってきた速水林業でもさらに新しい考え方が見つかりました。

はたしてFSC認証を取らずにこのような指針を自ら作ることがあったでしょうか。作業員も自分達が日々重ねている作業を冷静に分析することがあったでしょうか。

日本の現在の林業は、政府の手厚い補助によって成り立っています。産業として創意工夫が行われなくなって長い時間がたち、森林組合なども補助の対象、仕組み等に精通することが大事なこととして運営してきている現状は、FSCが求めている環境配慮や社会性を森林管理の中に組み込まれなければなりません。あるいは自らの工夫で販売努力を行うなど、しっかりとした自立した林業への一つの筋道を示していると考えます。

FSCは環境ばかりが注目されます。しかしFSCの存続は森林管理の経済性や流通加工認証のCoC認証にかかっています。つまりFSCが重視する生態系への配慮や社会性への配慮などを大事にした森林管理が広がり、継続されていくためにはそれがビジネスとして成立することが重要であり、FSCを取得することがビジネスとして有利でなければなりません。

消費者が適切に管理された森林からの生産物を選択的に購入する機会が無ければ、FSCは成立しないのです。ゆえに私も毎年の年度審査を経て3回の更新を経験し、経済性の確保において、販売の多様性、森林からの収入を木材だけに頼らないなどの指摘もあり、当然のことではありますが環境や社会性はもちろんですが経済性を非常に重視していることも分かります。

(6) FSCを利用した行政コストの低減

新しい森林経営管理法の下での森林管理が始まります。ここで注目すべき大きな2つのポイントがあります。ひとつは市町村の役割が極めて重くなったこと、もうひとつは同時に森林環境譲渡税を財源とする資金が市町村に届くことです。

市町村の森林管理の知識は、高いところから低いところまでピンからキリま

で千差万別です。森林の専門的知識を持つ職員がいる市町村はあまり多くなく、緊縮予算がほとんどの市町村で専門の職員を新たに雇用することも難しいと考えられます。

　そんな中でも林業の補助事業の不正が各地で発生しています。県の行政も実は林業部門が縮小される傾向もあり、現場の確認が手薄となります。また例えば宮崎県など皆伐が増えている県で、盗伐か誤伐かと言われるような怪しげな皆伐も発生しています。以前は盗伐と言えばトラック一台分を闇に紛れて音を小さくしたチェーンソーでこっそり伐っていったものですが、昨今は広い面積をあたりまえのように普通に皆伐している現場が盗伐だったりするようです。たぶん警察は森林に関しての知識も不足しているだろうし、所有が明確でないところもこのような行為が発生する原因にもなっていると考えられます。

　これらは市町村がまずはしっかりと森林管理に主体的にかかわっていく姿勢が大事です。つまりそのようなことも含めて今後ますます市町村の森林管理に対する関与は様々な場面で必要とされます。

　森林環境譲渡税が市町村に配布されると行政の森林行政への負荷は高まるとともに、目的税ですから、何にどう使っているかの説明責任は重要となります。該当の市町村は森林をどんな森林にしようとしているか、どのような管理の基準を持っているかを問われなければなりません。今まで林政はこのような説明責任を積極的に果たしてきたとは思えません。

　FSCはその原則や基準が公開されており、認証された森林の審査の概要が発表されており、認証を取得した森林管理者は外部からの問い合わせなどには、可能な限り適切に対応することを求められています。公開の原則、透明性が貫かれています。

　その国内の基準は2018年10月にでき、2019年3月15日に効力を持ちました。実はそこに至るまでに、私が認証を取得した翌年の2001年から検討が始まり紆余曲折を経ながらできあがったものです。17年間かかったことは組織としての非効率や複雑な基準書を翻訳して日本語で議論し、また英語に直すという手間、FSCの本部が基準の大きな変更を行ったことも含めて時間がかかりましたが、議論する委員会もそれぞれの専門家も交え、特に日本の場合先住民としてのアイヌの方々の森林に対する権利の擁護も含めてしっかりと議論されま

した。その後素案を札幌、東京、大阪でコンサルテーションにかけて、より一層磨きをかけて成立しております。

専門家がしっかりと議論し詳細を詰めて、その上で広い意見を取り入れて、また国際的な森林管理の大きな枠組みをしっかりと組み込み出来た森林管理の基準は今まで日本ではなかったことと思います。

この国内基準は、既にWeb上でFSCジャパンのホームページで公開されており、どなたもインターネットを使うことで入手することが可能です。もちろんこの国内基準を市町村が使うことは自由です。FSC認証を取得することとは別に、このFSCの国内基準を市町村で読み込んで、ある意味その市町村の差し当たり必要な部分の良いとこ取りを行うという方法があります。これにより市町村の森林管理の透明性や説明責任の確保に関してかなり手間を省くことができます。

英国では英国独自のUKWAS(UK Woodland Assurance Scheme)が存在します。この認証はFSCの基準に準じて作られており、FSCの認証審査が可能な認証機関が審査すれば、UKWASとFSCの同時認証が可能となります。英国フォレストリーコミッションが管理する国有林の管理は、UKWASの基準で管理されており、結果的にFSCの基準で管理されています。

このように、民間のFSCを政府が上手く使って森林管理のレベルの向上を図っています。国内でもFSCを利用した市町村の森林管理政策が可能です。私としてはFSC認証が増加することがうれしいですが、それとは別に前述のFSC国内基準を上手く市町村行政が利用することで行政の透明性、説明責任、森林管理のターゲットの明確化、そして行政負荷の軽減が図られると考えます。

(7) 今後のFSC

私の住まいする紀北町と尾鷲市は、私が認証を取って既に19年近く経ちますが、概ね1万haの認証林となり、製材工場や木工加工者などが複数CoC認証を取得しています。また森林組合が中心となりプロジェクト認証もできるように準備しています。2016年5月に三重県で開催された第42回先進国首脳会議(伊勢志摩サミット)の会合の丸テーブルやランチ、ディナーのそれぞれのテーブル木の調度品などは、私のコーディネイトで全て当地のFSC認証木材

でこのような仕組みを使い作られました。

　永らく国内では認証木材は認証紙に比べて、需要が少なく、供給も少ないということで、山側の認証取得者に日が当たることもなく、なかなか認証で経済的なメリットが出るという状況になりませんでしたが、最近は「全てFSC認証材になるなら、それで納めてほしい」などの要望も出るようになってきて、今後今まで苦労してきた木材CoC取得者にも少しでも経済的メリットが出るようにFSCジャパンでもSGEC／PEFCジャパンと共に国際的な森林認証材使用の必要性と一般への認知度向上の働きかけを続けていきたいと思います。

　今まで一般企業では森林問題は社会貢献の一環として扱われてきました。例えば森林保全のNGOなどの支援や社員の植林運動などです。しかしSDGsが注目されて、ESG投資が海外では大きな潮流となっています。国内ではSDGsも未だイベント的捉え方が多いですが、ESG投資が国内でも影響を与える様になれば、企業の活動そのものがSDGsの目標解決を目指す必要性が出てきます。その時にはFSCは大きな手段となります。SDGsの目標15の「陸の豊かさを守ろう」への貢献は直接的で大きいのですが、その他の目標にも強くかかわってきます。SDGsの目標は17ありますが、FSCはその中の11の目標の達成に貢献することができます。

　国内の林業は大きな変化の時期に来ています。森林蓄積が増して、伐採可能な森林が増加していますが、山での立木の木材価格は1980年から29年間下がり続けるという資源として他に見ることのできない状況です。林業家にとっては全く困ったことで、個人の専業林家にとっては破壊的に低額な立木木材価格となりましたが、国際的に価格競争力を持つようになったことは事実で、このような背景もあり、今後ますます木材に注目が集まるでしょう。その時には安い材価で森林を再生する方法は在来のやり方では不可能な状態です。そう考えると国際的な基準で、適切な森林管理を評価できるFSC認証の基準は、木材が育つ森林の管理がより適切であるべき時に極めて合理的で分かりやすいものであり、普及が望まれるでしょう。

　そして日本で未来まで生産できる可能性のある資源が木材です。しかしそれは適切な管理ができてこそ持続性が確保できます。また将来までも輸入木材は日本では必要でしょう。輸入木材は産地が海外の森林であることで、現地政府

が伐採時の合法性を担保したとしても、現地で適切な森林管理が継続的に行われているかは森林認証制度でなければ証明されません。その意味では認証木材は人類が使える資源の中で数少ない本当の持続可能な資源となります。消費する者がそれを選択的に使えるようにする森林認証システムは必然的にますます重要となってきます。

（速水　亨）

5. 森林認証材と木材輸出

(1) 木材需要の変化とその背景

　我が国の木材需要の変化を概説すると、1970年代から住宅需要の高まりに対して輸入材が増加、一方で国産材のシェアが低下、以来半世紀あまり木材産業の体制も輸入材中心の需給バランスの中で推移してきている。その間、強い新築住宅需要を背景に円の変動相場制への移行、木材価格の低迷、国産材の供給量の低下、生活習慣の変化等、いくつかの要因によって現在の状況に至っている。長年にわたり、木材は山からではなく海からもたらされると考えられ、製材、加工、流通もその状況に対応する体制を整えて来た。そして、北米やヨーロッパから輸入される木材や木材製品の多くは森林認証材を用いたものであることが実際である。国産材の供給をめぐっては労働力の高齢化や木材価格の低下などもその理由に挙げられるが、戦後植林された植林木が伐期に差し掛かっているにも関わらず、再造林の見通しが立たないことなどが喫緊の大きな課題として迫ってきている。今までは輸入材によって住宅需要に応えてきたマーケットではあったが、国内木材資源の活用が望まれる中、今後の国内消費が伸び悩む予測もあり、国内での需要拡大とともに、海外への木材輸出も注目されるようになっている。木材資源活用の見通しは輸入と輸出の併存という方向転換へのチャレンジが始まっているわけである。現状では国産材率は回復基調にあるとはいえ3分の1程度、これをなんとか2分の1、すなわち50％以上にすることが目標とされ、国産材の利用促進の施策が広く展開されている。木材輸出も農林水産物の輸出促進の一翼を担って進められている。

　東南アジアの発展著しい都市部では、近代的な大型ショッピングセンターにある世界的なコーヒーチェーンのショップの片隅のソファ席に大学生が集まり、それぞれノートPCを拡げてレポート作成の情報交換をしている。日本食を含めレストラン街では地元の家族連れで賑わっている。そんな光景が当たり前になっており、高層の住宅棟、オフィス棟が林立する開発もあちらこちらで行われている。20年程前とは隔世の感があり、近年特に上昇機運を強く感じることができる。発展するアジア諸国、中国と諸外国のやり取りなど国際的な関係

が流動し始めている。我が国の木材を取り巻く環境が変化するのと同時に、輸出を想定する相手国の側も社会環境、資源環境、技術レベルの向上など大きな転換点に差しかかっている。例えば賃金などの経済レベルには差があるものの、経済成長率が大きい国には活気が感じられる。それぞれの国の文化や伝統がデザインなどの嗜好に表れているが、日本がそうであるように、いわゆる洋風の国際的なスタイルが広がっている。購買力という点では富裕層の数も多く、貧富の格差はあるものの全体的には生活水準は高まる傾向にある。

そして木材は加工される原料として、受け入れられた海外で加工されて現地のマーケットで消費される場合、日本に製品として戻る場合、第三国に製品輸出される場合、と経済的には様々なルートが存在する。

(2) 木材輸出の現状

2011年に現在の一般社団法人日本木材輸出振興協会が発足しているが、その前身は2004年3月に発足した木材輸出振興協議会であった。当時、10数年前は国産材輸出への関心はほぼゼロ。最近になって各県が輸出に取り組み始める状況は予想し得なかった。当時の課題は、まず隣国である中国と韓国への木材輸出の可能性を調査しアプローチすること、商談会などを開催して双方のニーズを確認することであった。その中で、中国の木造建築の基本となる「木構造設計規範」にスギ、ヒノキ、カラマツが構造材として認められておらず、中国で木造建築の構造用材としての利用が認められることが肝要とされ、大学、研究所の研究員の方など根気よく実験や交渉を繰り返し、ようやく、2018年8月、「木構造設計標準」に認められる結果を得ている。韓国ではヒノキの芳香成分に関する研究論文などが引き金になってヒノキの内装や家具の需要が高まった。さらに、重点地域として、台湾、ベトナムなどが対象として浮上してきている。各国では内装建材、家具などがOEMで加工され、日本市場あるいは他の国に商品として流通しているものもあるが、先方の国内市場で流通する実績はほとんどなく、日本の木の有用性については一般的にほとんど知られていない状況である。最近、アメリカへスギ板がコンスタントに輸出されていることも注目される。北米の木材事情により、フェンス材としてスギが利用され始めたのである。レッドシダーの枯渇、値上がりにより、代替品としてスギの

板材利用が始まっている。インドネシアも合板用適材が不足しており、丸太が必要な状況にある。輸出対象国が求める木材事情を把握して、国際的な適材適所の対応が望まれている。

　住宅は生活習慣、気候風土、現場施工など多くの課題があり、簡単にマーケットインできる状況ではない。日本の木造技術、耐震性、省エネルギー性、耐久性、加えて設備機器等の先進性、衛生性、デザイン性などが加味されたインターナショナルスタイルの住宅に関しては高級住宅としてのマーケットへ適応する可能性はあるように思われる。「木の文化」とそれを培った日本の歴史、さらに今日的な技術革新とデザインを加えてこれからの国際化の舞台ではばたくことが期待される。合言葉は「JAPAN WOODのススメ」で、意欲ある事業者によって地域、地方を超えた日本木材を全体でブランド化することが求められている。

　木材輸出は2013年(123億円)から増加傾向を維持し、2018年度は350億円を超えている(表3-5-1、図3-5-1)。国別では中国(45.3％)、フィリピン(22.7％)、韓国(9.2％)、アメリカ(7.1％)、台湾(5.7％)でこれらの合計が90％を占めている。品目別では丸太(143億円)、製材品(65億円)、合板等(72億円)でこれら3品目で全体の81％を占めている。

表3-5-1　輸出先国別の動向(2018年)

輸出先国	輸出額(億円)	対前年比(％)	主な輸出品目(億円)
中　　国	159	9	丸太115(12％増)、製材22(5％増)、合板等6(32％増)
フィリピン	79	8	合板等63(12％増)、製材13(1％増)
韓　　国	32	-13	丸太19(16％減)、製材6(±0)
米　　国	25	32	製材11(72％増)、建築木工品・木製建具3(4％増)
台　　湾	20	21	丸太11(21％増)、製材4(28％増)
その他	35	1	
計	351	7	

資料:「木材輸出の推移(2018年計)」(林野庁)

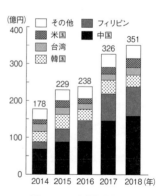

図3-5-1　木材輸出額の推移

(3) 森林認証材と木材輸出

　今後増加が期待される木材輸出であるが、海外のマーケットにおいて諸外国

の木材や木材製品と競合することは必至である。実際には価格競争力が必要とされるが、我が国に輸入される北米材、欧州材では森林認証を取得している製品が多く、輸出先でもこれらと堂々と競争するには、環境に配慮していることを示す認証材製品であることがいずれ求められることが予測される。木材に関して輸出先である各国の基準や規則など取り扱いは異なるものの、今後はそれぞれの国のルールに従いながらも、こちらも国際的な森林認証、供給体制を整備して備えなければならない。また、現状では都道府県単位で木材輸出の取り組みが数多く行われているが、その結果、各県ごとの県産材をブランド化してアピールしているケースが多い。しかしながら、日本国内のローカルルールではなく、国際的な取り組みとしてはメイドインジャパンとして全体的なマーケットを構築すべきで、例えば、構造材であればJAS(日本農林規格)適合品を、相手国の基準とすり合わせて利用を性能面で検討するなど、木材の品質や性能で価値を明らかにする性能の時代へと変化している。さらに、サステナビリティが重視される環境の時代に即した木材輸出の資格を得る準備として、将来、FM認証ならびにCoC認証が必要条件になるかも知れない。

(4) 木材輸出と木材輸入

　木材輸出への取り組みは商社等の大手企業によるものと、県などの地方自治体が積極的に取り組む事例、あるいは現地での住宅建築に伴い住宅部材輸出を志向する例が多く見られている。実際には丸太輸出が好調であり、資源を輸出して対象国で加工製品化する傾向である。かつての日本は旺盛な国内需要を受け、丸太を輸入し、加工することが木材産業の中心であったが、原産国の丸太輸出禁止等の影響を受け、中古の加工機械等の輸出、海外生産体制の整備などが相次いで今日の生産体制の役割、バランスが生じてきた。生産の鍵を握る木材加工機械についても中国、台湾、韓国等の国々の製品が価格的な優位性を伴って現地で広く普及し、日本製の木工機械はその出口を縮小せざるを得ない状況を迎えている。それどころか木工機械もヨーロッパ各国の製品が日本市場にも多く受け入れられ、国内の木材加工の現場で活躍している。合板産業では単板(ベニア)を輸入して国内で貼り付けて生産する、同様に集成材は製材されたラミナを輸入して国内で生産する。あるいは合板、集成材という製品化され

た状態で輸入される。製紙ではパルプ、チップを輸入して国内で紙を生産するのが実情となっている。輸入される木質資源は一次加工され、製品化するための資材・原料として国内木材産業を支えていると同時に製品輸入が市場を覆っている。こうした傾向は我が国が木材輸出に力を入れる東南アジア各国でも同様で、労働力の確保、低賃金、工場用地の低価格に加え、電力、道路等のインフラ整備が進む中で、先進的な加工機の整備も進み、木材加工国、木材製品輸出国として台頭してきている。原料の提供国はカナダ、アメリカ、EU、ニュージーランド等が先進国であるが、日本に輸出される木材、木材製品の多くが森林認証材であることから、東南アジアという市場の中でもこれら木材輸出先進国と海外市場でシェアを競うことになる訳である。

　情報化がスピードを増し、国際化が一段と進む中で、木材関連の輸出入はより良い安定の位置付けを求めて変化していくことが市場の原理であると考えられるが、国際的なルールへの対応として森林認証の普及はその第一歩ともいえよう。為替の変動は各国の経済指標によってもたらされるが、我が国の森林資源、その持続性、木材利用によりもたらされる文化性、木材利用の先進的な技術革新等は、世界の中での日本の役割、位置付けを示すことに他ならない。

　地方自治体による取り組みは各地域内の業者の意向を取りまとめて、輸出の可能性を模索する段階であるが、木材は比較的安価なものであり、その量、質、生産・供給安定性を確保した上で成り立つものである。国内産業の国際化はスポット的な取り組みでは長続きせず、長期的な視野に立って受入側と生産者である我が国との信頼性を持続することが何よりも大切である。そこで課題となるのは輸出促進に関わる補助金の存在である。初動時に補助金によって支援され、海外販路を模索するとしても輸出の継続性が得られるとは限らないのである。輸出という新たな切り口は国内の林業・木材産業事情と深く関連するが、相手国の生産体制、あるいはマーケット事情、住宅事情などを掘り下げる中でのニッチなマーケット構築が先ずは肝要で、輸出に関わる実務者の姿勢、意欲が問われている。野球に例えるならば、オーナー、監督、コーチが旗を振っても、実際のゲームは選手たちが繰り広げるもので、プレーヤーが将来を切り開くために、必要な戦略分析が求められている。

（安藤直人）

第4章　五輪と森林認証

1. オリンピック・レガシー

　近年のオリンピック・パラリンピック競技大会においては、大会で実施されたた優れた取り組みを次の大会に引き継いで行くことを「オリンピック・レガシー」と呼んで、強く推奨されるようになっている。国際オリンピック委員会(International Olympic Committee、以下「IOC」という)が2013年に発行した「OLYMPIC LEGACY 2013」によると、オリンピック・レガシーとは、「開催都市に残され得る、スポーツ、社会的、経済的、環境的な利益で、開会式前に経験されるものもあれば、大会終了後、数年が経っても目に見えない可能性もあるもの」と定義されている。また、一般的に以下の5つの性質に分類されるとともに、有形(tangible)なものと無形(intangible)なものがあるとされている。

○オリンピック・レガシーの5つの性質
(1) スポーツレガシー
　例：建設または改修されたスポーツ施設、スポーツ参加人口の増加、スポーツ競技力の向上
(2) 社会レガシー
　例：開催都市の文化・歴史・生活様式のPR、ボランティア活動の創出、官民の協力体制の整備
(3) 環境レガシー
　例：公園や緑地スペースの整備、環境に優しい公共交通システム、再生可能エネルギー利用の増加、資源回収システムの整備
(4) 都市レガシー
　例：都市の再開発、整備された景観、公共交通インフラの発達

(5) 経済レガシー

　例：経済活動の活発化、企業の技術力の向上、雇用の創出、観光客の増加

　このうち、(3)の環境レガシーは近年特に重要視されるようになってきており、地球環境に優しい持続可能なオリンピック・パラリンピック競技大会が志向されるようになってきた。1994年にパリで開催されたオリンピック100周年記念大会において、IOCは、「スポーツ」、「文化」に加えて「環境」をオリンピック精神の第三の柱にすることを宣言している。2012年に開催されたロンドン大会においても、「One Planet Living（地球1個分の生活）」をテーマに、「オリンピック・パークを持続可能な暮らしの青写真にする」という公約を掲げ、①オリンピック・パーク建設時における炭素排出量を50％削減するとともに、②効率的なエネルギー消費や大規模なリサイクルによる持続可能な暮らしを推奨するキャンペーンを実施することを目標として掲げた。また、大会で使用される建材や紙などの木材製品についても、森林認証材など持続可能なものでなければならないとされ、7つの大会会場で合計1万2,500 m³の木材が使用されたが、そのうちの95～100％がFSCあるいはPEFCの森林認証材であった。2016年に開催されたリオデジャネイロ大会でも、持続可能な木材製品を使用しなければならないというレガシーはしっかりと引き継がれた。IOCが2014年12月に採択した「オリンピック・アジェンダ2020（Olympic Agenda 2020）」では、「提言4：オリンピック競技大会のすべての側面に持続可能性を導入する」及び「提言5：オリンピック・ムーブメントの日常業務に持続可能性を導入する」と明記されたところであり、2020年に開催される東京大会でも当然のこととして引き継がれることになった。

2. オリンピックの持続可能な木材製品の調達基準

　オリンピック・パラリンピック大会において持続可能な木材製品を使用するということは、開催都市の組織委員会の調達基準に定められている。例えば、ロンドン大会の組織委員会の「持続可能な調達コード」の紙の基準は以下のようになっている。

「紙及び板紙は、塩素を用いない漂白方法によって生産されなければならない。また、塗工紙の場合は非産業古紙(post-consumer recycled content)の比率が75％になることを、非塗工紙の場合は非産業古紙の比率が100％になることを目指さなければならない。古紙以外の木材繊維については、FSC森林認証を受けたものに由来していなければならない。それ以外の原料については、「健康に配慮した原料」のセクションに概要が記載されている要求事項に適合しなければならない。」

また、リオデジャネイロ大会の組織委員会の「持続可能なサプライチェーンガイド」の木材製品の基準は以下のようになっている。

「大会の建設、計画立案、運営において使用される木材やその他の林産物のすべては、100％リサイクル材を使用している、または、FSC森林認証を取得している、または、ブラジル森林認証プログラム(CERFLOR/PEFC)を取得している、または、PEFCによって承認されたCoC認証を取得していることが絶対である。重要なことは、原料がリサイクル材と非リサイクル材を使用している場合には、非リサイクル材は森林認証を取得してしなければならない。サプライヤーは、それぞれのサプライチェーンにおいてCoC認証を提示しなければならない。」

2020年の東京大会に向けて、公益財団法人東京オリンピック・パラリンピック競技大会組織委員会は、2016年1月に「持続可能性に配慮した運営計画フレームワーク」を策定し、東京大会における持続可能性の主要テーマを、「気候変動(ローカーボンマネジメント)」、「資源管理」、「水、緑、生物多様性」、「人権・労働・公正な事業慣行等への配慮」及び「参加・協働、情報発信(エンゲージメント)」の5つを想定し、「持続可能性に配慮した調達コード」を策定・運用することとしている。同時に、これに基づいて「持続可能性に配慮した調達コード・基本原則」を策定し、「どのように供給されているかを重視する」、「どこから採り、何を使って作られているかを重視する」「サプライチェーンへの働きかけを重視する」及び「資源の有効利用を重視する」の4点を主要な要求事項

とした。この「基本原則」に基づいて、組織委員会の「持続可能な調達WG」において農産物、畜産物、水産物の調達基準が順次策定されたが、2016年6月には、以下のように「持続可能性に配慮した木材の調達基準」が策定された。

◎持続可能性に配慮した木材の調達基準

1. 本調達基準の対象は以下の木材とする。
    ア　建設材料として使用する製材、集成材、直行集成板、合板、単層積層板、フローリング
    イ　建設に用いられるコンクリート型枠
    ウ　家具に使用する木材（製材端材や建設廃材等を再利用するものを除く）

2. 組織委員会は、木材について、持続可能性の観点から以下の①〜⑤が特に重要と考えており、これらを満たす木材の調達を行う。なお、コンクリート型枠合板については再使用の促進に努め、再使用する場合でも①〜⑤を満たすことを目指し、少なくとも①は確保されなければならない。
    ① 伐採に当たって、原木の生産された国又は地域における森林に関する法令等に照らして手続きが適切になされたものであること
    ② 中長期的な計画又は方針に基づき管理経営されている森林に由来すること
    ③ 伐採に当たって、生態系の保全に配慮されていること
    ④ 伐採に当たって、先住民族や地域住民の権利に配慮されていること
    ⑤ 伐採に従事する労働者の安全対策が適切に取られていること

3. FSC[*1]、PEFC[*2]、SGEC[*3]による認証材については、上記2の①〜⑤への適合度が高いものとして原則認められる。

4. 上記3の認証材でない場合は、上記2の①〜⑤に関する確認が実施された木材であることが別紙1に示す方法により証明されなければならない。

5. サプライヤー[*4]は、上記3または上記4に該当する木材を選択する上で、国内林業の振興とそれを通じた森林の多面的機能の発揮等への貢献を考慮し、国産材を優先的に選択するよう努めなければならない。

2. オリンピックの持続可能な木材製品の調達基準　　*99*

6. サプライヤーは、使用する木材について、上記 3 の認証及び 4 の証明に関する書類を 5 年間保管し、組織委員会が求める場合にはこれを提出しなければならない。

7. 組織委員会は、使用する木材及び再使用する木材について、十分に具体的な根拠とともに本調達基準に係る不遵守の指摘が示された場合には、当該指摘のなされた木材について調査を行う。この場合、サプライヤーは、組織委員会の行う調査に協力しなければならない。

8. サプライヤーは、「持続可能性に配慮した調達コード　基本原則」(2016 年 1 月公表)の趣旨を理解し、これを尊重するよう努めなければならない。

*1　Forest Stewardship Council　(森林管理協議会)
*2　Programme for the Endorsement of Forest Certification schemes
*3　Sustainable Green Ecosystem Council (緑の循環認証会議)
*4　組織委員会が契約する物品・サービスの提供事業者

別紙 1　(認証材以外の証明方法)

　持続可能性に配慮した木材の調達基準(以下「調達基準」という。)の 4 については以下のとおりとする。

(1) 調達基準 2 の①の確認については、林野庁作成の「木材・木材製品の合法性、持続可能性の証明のためのガイドライン(平成 18 年 2 月 15 日)」に準拠した合法性の証明によって行う。なお、コンクリート型枠合板の合法性の証明については、国の「環境物品等の調達の推進に関する基本方針」(平成 28 年 2 月 2 日変更閣議決定)における「合板型枠」と同様の扱いとする。

(2) 調達基準 2 の②〜⑤については、国産材の場合は森林所有者、森林組合又は素材生産事業者等が、輸入材の場合は輸入事業者が、説明責任の観点から合理的な方法に基づいて以下の確認を実施し、その結果について書面に記録する。

　② 当該木材が生産される森林について、森林経営計画等の認定を受けている、あるいは、森林所有者等による独自の計画等に基づき管理経営されていることを確認する。

③ 当該木材が生産される森林について、希少な動植物がいる場合にはその保全に考慮した伐採作業等を行っていることを確認する。

④ 当該木材が生産される森林について、先住民族や地域住民からの苦情・要請等がある場合には、これを受け付け、誠実に対応していることを確認する。

⑤ 当該木材の伐採に従事する労働者に対して、安全衛生に関する教育を行い、適切な安全装備を着用させていることを確認する。

(3) 各事業者は、直近の納入先に対して、上記(2)の確認が実施された木材であることを証明する書類（証明書）を交付し、それぞれの納入ごとに証明書の交付を繰り返すことにより証明を行う。

(4) 型枠工事事業者は、コンクリート型枠合板を再使用する場合については、すでに使用されたものである旨を書面により証明しなければならない。

(5) 各事業者は、当該木材についての入出荷の記録や証明書を含む関係書類を5年間保存しなければならない。

　この調達基準においては、2020年の東京大会で使用される木材は持続可能性が確認されたものでなければならないが、持続可能性については5項目の要件を満たすことを目指すものとされた。FSC、PEFC、SGECによる認証材は適合性が高いものとして原則認められるものの、それ以外のものであっても5項目の要件を満たしていることが確認されれば使用が認められることとなっている。この点は、木材はリサイクル材以外すべて認証材でなければならないとしたロンドン大会やリオデジャネイロ大会からは後退していると言わざるを得ない。このようになったのは、国内では十分に認証材が流通していないという現状において、国内の零細な木材関連事業者に配慮したためである。（なお、同様の配慮で国産材を優先的に選択することとしているのも、ロンドン大会やリオデジャネイロ大会とは異なっている点である。）しかしながら、現実の問題としては、①はグリーン購入法に係る林野庁のガイドラインに基づいた合法木材で確認できるものの、②〜⑤の要件を合理的な方法で確認し、その結果を書面で記録することは、適切な指針等も示されていないため非常に難しく、FSC、

PEFCやSGECの認証材で確認する方が説明責任の観点からも望ましい状況である。このため、東京大会で使用される木材を認証材で供給する動きが大きくなっている。

さらに、この木材の調達基準に続いて、2018年6月には「持続可能性に配慮した紙の調達基準」が策定された。

◎持続可能性に配慮した紙の調達基準

1. 本調達基準の対象は以下に使用される紙（和紙を含む。）とする。

ポスター、チラシ、パンフレット類、書籍・報告書等、チケット、賞状、コピー用紙、事務用ノート、封筒、名刺、トイレットペーパー、ティッシュペーパー、ペーパーナプキン、紙袋、紙皿、紙コップ、ライセンス商品の外箱

2. 上記1の紙について、持続可能性の観点から以下の(1)～(3)が求められる。

(1) 古紙パルプを、用途や商品の性質等に応じて最大限使用していること。（注1）

(2) 古紙パルプ以外のパルプ（以下「バージンパルプ」という。）を使用する場合、その原料となる木材等（間伐材、竹・アシ等の非木材、和紙用のこうぞ・みつまた等を含む。製材端材や建設廃材、林地残材、廃植物繊維は除く。）は以下の①～⑤を満たすこと。

① 伐採・採取に当たって、原木等の生産された国又は地域における森林その他の採取地に関する法令等に照らして手続きが適切になされたものであること
② 中長期的な計画又は方針に基づき管理経営されている森林その他の採取地に由来すること
③ 伐採・採取に当たって、生態系が保全され、また、泥炭地や天然林を含む環境上重要な地域が適切に保全されていること
④ 森林等の利用に当たって、先住民族や地域住民の権利が尊重され、事前の情報提供に基づく、自由意思による合意形成が図られていること
⑤ 伐採・採取に従事する労働者の労働安全・衛生対策が適切にとられていること

(3) 用途や商品の性質等に応じて、白色度が過度に高くないこと、塗工量が過度に多くないこと、紙への再生利用を困難にする加工がなされていないこと。（注2）

3. 上記2(2)の①〜⑤を満たすバージンパルプを使用した紙として、FSC、PEFC（SGECを含む。）の認証紙（注3）が認められる。これらの認証紙以外を必要とする場合は、バージンパルプの原料となる木材等について、別紙に従って①〜⑤に関する確認が実施されなければならない。

4. サプライヤー（注4）は、使用する紙の上記2(1)〜(3)について記録した書類を東京2020大会終了後から1年の間保管し、組織委員会が求める場合はこれを提出しなければならない。

5. サプライヤーは、伐採地までのトレーサビリティ確保の観点も含め、可能な範囲で当該紙の原材料の原産地や製造事業者に関する指摘等の情報を収集し、その信頼性・客観性等に十分留意しつつ、上記2を満たさない紙を生産する事業者から調達するリスクの低減に活用することが推奨される。

6. 違法伐採木材が国内で流通するリスクの低減を図るため、「合法伐採木材等の流通及び利用の促進に関する法律」の趣旨を踏まえて、サプライチェーン（注5）は、同法に基づく登録木材関連事業者であることが推奨されるとともに、サプライヤーは、同法の対象となっている紙については、登録木材関連事業者が供給するものを優先的に選択すべきである。

注1、注2：コピー用紙や事務用ノートなどについては、「東京都グリーン購入ガイド」等を参考に古紙配合率や白色度等を指定する場合がある。
注3：CoC認証が連続していること。
注4：ライセンス商品に関しては「サプライヤー」を「ライセンシー」に読み替える（以下同様）。
注5：日本国内の事業者で「合法伐採木材等の流通及び利用の促進に関する法律」に定める木材関連事業者に該当するものに限る。

別紙（認証紙以外の場合の確認方法）

　持続可能性に配慮した紙の調達基準（以下「調達基準」という。）の3の後段の確認

については以下の通りとする。

　調達基準2(2)の①〜⑤について、国内で製紙する場合は製紙事業者、海外で製紙したものを輸入する場合は輸入事業者が、説明責任の観点から合理的な方法に基づいて以下の確認を実施し、その結果について書面に記録する。

①：当該木材等について、生産国・地域の法令上必要な手続きが実施されて伐採・採取されたものであることを確認する。
②：当該木材等が生産・採取される森林等について、森林経営計画等の認定を受けている、又は、土地所有者等が管理や整備に関する計画又は方針を有することを確認する。
③：当該木材等が生産・採取される森林等について、希少な動植物が存在する場合は、伐採作業等を含め、その保全のための措置が講じられていること、泥炭地や貴重な天然林など保護が必要な重要な森林等がある地域についてはその保全のための措置が講じられていることを確認する。
④：当該木材等が生産・採取される森林等について、先住民族等の権利に関わる場合は、事前の情報提供に基づく、自由意思による合意形成が図られていることを確認する。
⑤：当該木材等の伐採・採取に従事する労働者に対して、安全衛生に関する教育を行い、適切な安全装備を着用させているなど、安全で衛生的な労働環境が確保されていることを確認する。

　この紙の調達基準は、基本的には木材の調達基準とほぼ同じ内容となっているが、異なっているのは、①リサイクル材である古紙を最大限使うようにしていること、②持続可能性を確認する5つの要件が、泥炭地や天然林を含む環境上重要な地域の適切な保全、先住民族や地域住民の権利の尊重に際してのFPIC、労働者の衛生対策などを追加するなどより厳密になっていること、③FSC、PEFC、SGECの認証紙は5つの要件を満たす持続可能なものとして無条件に認めたことなどである。いずれにしても、2020年の東京大会で使用される木材製品には、森林認証を取得したものが優先的に採用されるという調達基準が策定され、それがオリンピックのレガシーとして、大会終了後も引き継がれるということになったことで、森林認証の普及・促進に大きな弾みとなっている。

なお、2018年になると、東京オリンピックの施設建設に使用される熱帯産木材の型枠合板について、環境NGOから先住民の権利を無視した木材が使用されている疑いがあるとの批判が高まったため、「持続可能な調達WG」で「持続可能性に配慮した木材の調達基準」を再検討した結果、2018年11月26日の会合で、新たに、①森林の農地等への転換に由来する木材ではないこと、②「持続可能性に配慮した紙の調達基準」と同様の追加的なリスク低減措置が推奨されることの2点を追加することが決定された。

3. オリンピックを契機にした森林認証の普及促進

2014年に林野庁の委託事業で、46道府県、1741市区町村を対象に行われたアンケート調査では、380自治体(25道府県、355市区町村)が、オリンピックの木造・木質化施設の移設・再利用の受け入れに関心があると回答し、このうちの267自治体が相応の費用負担をしてもよいと回答した。さらに49自治体(11道県、38市区町村)が東京大会における木材利用等に関する取り組みを検討しており、このうち18自治体が大会に向けてFSCやSGECの森林認証の取得を推進または検討していると回答した。

FSCジャパンは、オリンピックの木造・木質化施設の建設をにらんで、FSC認証材の供給能力を調査・公表している。また、浜松市では、森林組合、市役所、静岡県、天竜森林管理署、天竜林業研究会で構成される天竜林材業振興協議会を立ち上げ、FSC森林認証(FM認証とCoC認証)の積極的な取得に取り組み、43,553haのFSC認証林とCoC認証を取得した木材関連事業者からなる認証材のサプライチェーンを構築している。

2016年に国際森林認証制度であるPEFCと相互承認したSGECは、オリンピックでの森林認証材活用の動きにより、全国でSGEC森林認証(FM認証、CoC認証)を取得する機運が高まり、2018年5月現在でFM認証が172万ha、CoC認証が820事業体(SGEC620事業体、PEFC200事業体)に達している。2017年7月には、静岡県富士宮市に建設された富士山世界遺産センターが、日本で初めてSGEC/PEFCのプロジェクト認証を取得し、認証材については、地元でSGEC森林認証を推進している富士地区林業振興対策協議会が供給した。過

3. オリンピックを契機にした森林認証の普及促進

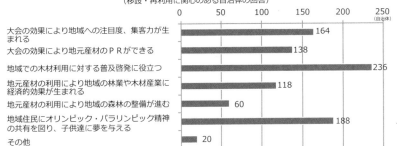

仮設の木造施設等の受入に期待する効果

多くの自治体が地域での木材利用の普及啓発や子供達の情操効果に期待
（移設・再利用に関心のある自治体の回答）

- 大会の効果により地域への注目度、集客力が生まれる：164
- 大会の効果により地元産材のＰＲができる：138
- 地域での木材利用に対する普及啓発に役立つ：236
- 地元産材の利用により地域の林業や木材産業に経済的効果が生まれる：118
- 地元産材の利用により地域の森林の整備が進む：60
- 地域住民にオリンピック・パラリンピック精神の共有を図り、子供達に夢を与える：188
- その他：20

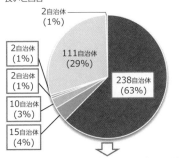

移設・再利用費用の負担

移設・再利用に関心のある自治体のうち、7割が通常の施設整備費程度またはそれ以上でも費用負担をしても良いと回答

- 238自治体（63%）：一般的な施設整備費と同等程度までなら負担してもよい
- 111自治体（29%）：1割増額
- 15自治体（4%）
- 10自治体（3%）
- 2自治体（1%）
- 2自治体（1%）
- 2自治体（1%）

→ 267自治体（13府県・254市区町村）

- 一般的な施設整備費と同等程度までなら負担してもよい
- 一般的な施設整備費の1割増額程度までなら負担してもよい
- 一般的な施設整備費の3割増額程度までなら負担してもよい
- 一般的な施設整備費の5割増額程度までなら負担してもよい
- 一般的な施設整備費の2倍程度までなら負担してもよい
- その他
- 無回答

木材の由来に関する意向

6割以上の自治体が他自治体産材でも受入れたいと回答

- 他自治体産材でも受け入れたい：239自治体（63%）
- 地元産材が一部入っていれば受け入れたい：90自治体（24%）
- 地元産材のみ受け入れたい：40自治体（10%）
- 無回答：11自治体（3%）

→ 239自治体（9県・230市区町村）

【概要】
全国46道府県・1741市区町村を対象として、オリンピック・パラリンピック東京大会で木造の仮設施設等を整備する場合、その移設・再利用受入の意向、期待する効果等を調査（回答率72.0%）
○ 380自治体が木造・木質化施設の移設・再利用受入に関心があると回答（25道府県、355市区町村）
【うち7割（267自治体）が相応の費用負担をしても良いと回答】
○ 49自治体が東京大会における木材利用等に関する取組を検討していると回答（11道県、38市区町村）
【うち18自治体が大会に向け、ＦＳＣ・ＳＧＥＣ等の認証材の取得を推進又は検討】

図 4-3-1 主な結果——移設・再利用のニーズ調査——

「2020オリンピック・パラリンピック東京大会に向けた木材利用の実現可能性調査事業」林野庁委託事業(2015年5月)より引用

去のオリンピックの競技施設は、森林認証のプロジェクト認証を取得した例が多く見られる。

　2020年の東京大会においては、新国立競技場をはじめ多くの競技施設で木材が活用され、その多くが認証材となるであろうことから、日本におけるFSC、PEFCやSGECなどの森林認証の供給体制の整備が進み、オリンピック終了後もレガシーとして森林認証材の普及に拍車がかかることが期待されている。

（上河　潔）

第5章　森林認証の取組事例

　本章では、実際の現場での認証および認証材の活用法について、企業や団体、学校での事例を 19 件紹介する。

1. 進歩するカナダの森林認証　p.108

2. オーストリアの事例　p.110

3. 森を育てる王子グループ　p.116

4. 持続可能な原材料調達と社会のニーズに応える森林認証製品の供給　p.122

5. 三菱製紙株式会社の取組　p.130

6. 住友林業の取組　p.136

7.「三井物産の森」での多面的な取組　p.146

8. 南三陸町における FSC 森林認証を活用した取組　p.156

9. チーム福島・認証材の取組　p.162

10. 浜松市における FSC 森林認証への取組　p.166

11. 富士地区林業振興対策協議会による静岡県富士山世界遺産センター
　　「木格子」プロジェクト認証　p.172

12. 佐藤木材工業と森林認証　p.178

13. 地産地消の天然乾燥木材のすまいづくり　p.184

14. サイプレス・スナダヤの取組　p.188

15. 木材建材流通における森林認証　p.194

16. ナイス株式会社の取組　p.198

17. 森をつくる家具　p.204

18. イトーキの取組　p.208

19. 五所川原農林高校での認証取得への挑戦　p.210

【事例1】

進歩するカナダの森林認証

カナダ林産業審議会(COFI/Canada Wood)

　カナダは豊富な天然資源に恵まれた国である。カナダの森林が占める面積は全世界の森林の10％におよぶ。カナダでは林産物など天然資源由来の製品による貿易は、建国以来、経済の基盤であり続け、現在に至っている。19世紀、カナダがまだ植民地だったころ、英国海軍の船舶建造ためのマストなどの材料として、ブリティッシュコロンビアのシトカスプルースとダグラスファーを英国へ輸出していた。日本へのカナダ材の輸出は大正時代に始まった。1923年の関東大震災の復興のため、ブリティッシュコロンビアから大量のダグラスファーとウェスタンレッドシダーが輸出されている。1960年代以来、カナダは木材の主たる対日輸出国であり続け、日本以外の世界中の地域にも林産物を供給する主要な国としての地位を保ち続けている。

　このように、林産物を世界中に供給する長い経験があったからこそ顧客のニーズを敏感に捉えることができる。カナダが他国に先駆けて森林認証を取得したのも、顧客のニーズに敏感であったことが原因だった。1980年代、1990年代に南米のアマゾン熱帯雨林などの地域での違法伐採がきっかけとなって、世界中の森林を持続可能な手法で管理しなければならないという意識が広がった。このような意識の広がりが結果的には「森林施業は独立した透明性のある第三者機関が審査すべき」という考えに繋がっていった。2000年代初頭には林産物を調達する大手の企業のほとんどがグリーン購入手法を採用した。世界中の大手製紙会社、新聞紙製造会社、家具製造会社、建設会社やホームセンターなどがPEFCやFSCといった森林認証を原料の仕入元に要求した。持続可能な森林経営を透明性のあるかたちで証明することが林産物調達の標準的な手法として重要視されるにつれて、森林認証の取得はビジネス上の不可欠な投資と考えれるようになった。

　カナダの森林認証取得が加速したのはカナダの森林のほとんどが公有林であることが大きな原因である。カナダは広大な国土のわりには人口が少なく、そ

事例1　進歩するカナダの森林認証

写真1　BC州内陸(2016年撮影)

写真2　BC州内陸(2016年撮影)

して比較的歴史が短いこともあって、全土の森林のうち90％以上を連邦政府や州政府が所有している。カナダの政府関係者や森林関連企業が森林資源を評価する場合、単なる木材産出といった経済的観点だけではなく、他の社会的および生態学的な価値とのバランスという観点を重視する。このような観点の代表例は、先住民のコミュニティ、森林が持つ観光やレクリエーション面への価値、生物多様性などを尊重することである。そのような多元的な価値のバランスを重視する考えが全国的に広がったこともカナダで森林認証取得が加速したきっかけであった。林産企業にとっても森林認証取得のためのスキームを遵守することによって、社会的、文化的および生態学的な責任を果たしていることを証明できるメリットもある。

　このようにして、カナダは過去20年間にわたり、森林認証の世界的な広がりをリードしてきた。現在、カナダの森林認証取得面積は1億7,000万haを超え、世界1位である。この認証面積はドイツ、スペインそしてスウェーデンの国土面積の合計を超える。カナダで採用されている認証制度はCSA、FSCそしてSFIの3種類である。そのうち、CSAとSFIはPEFC Internationalの傘下だ。これらの認証制度が州政府と連邦政府の森林経営規制のなかで位置づけられている。弊会カナダ林産業審議会(COFI)の調査によれば、木材の対日輸出を行っているすべての大手カナダ林産企業はPEFCまたはFSCのCoC認証を遵守している。

(日本代表　ショーン・ローラー)

【事例2】

オーストリアの事例

オーストリア大使館 商務部

　オーストリアは、ヨーロッパの中心にあり、戦後、永世中立国となりました。EUの前身であるECやNATOには加盟せず、国際機関を誘致するなどし、東西陣営の拠点として重要な役割を果たしてきました。その結果、ウイーンは国際原子力機関(IAEA)、国連工業開発機構(UNIDO)、国連薬物統制計画(UNDCP)、石油輸出国機構(OPEC)などが本部を置くニューヨーク、ジュネーブに次ぐ第三の国際都市となっています。また、1995年にはスウェーデン、フィンランドとともにEUに加盟しました。国土は8万4,000 km²と北海道よりやや大きめで、人口は830万人と日本の東京都にも満たない小さな国ですが、実際のところオーストリアは経済水準の高い、世界で最も豊かな国の一つです。国土の大半は、約4万km²のアルプスによって占められ、総面積の約半分が森林です。毎年約3,000万m³が植樹され、2,600万m³が伐採されています。この国の樹木の量は、約10億m³。

　オーストリアでは森林の成長量が伐採量を上回るため、森林資源は増加傾向にあり、現在の森林資源は1秒あたり約1m³増加しています。

　オーストリアでは現在もなお、林業は大変重要な産業の一つです。森林は常に整備され、その管理には100年以上の歴史があります。木材の需要は大きいのですが、地理的に輸送コストがかかるため、残念ながら、世界のマーケットと比べると木材価格は高く設定されています。オーストリアは、充実した財政支援プログラム、法規制などを提供することにより、農林事業者自身にエネルギーの生産者になってもらうという開発計画を強力に推進しています。オーストリアには植林、林道建設、森林教育、研修、農地の森林化など、森林での特定の活動に対して補助金が支給される州もあります。その為、過去10年で製材所の数は大きく減少したのですが、生産量は増大しています。

　木材を加工する製材所の役割も変化してきています。製材所では丸太を切断するだけではなく、丸太から剥がされた樹皮を製材所内の発電施設で燃やし、

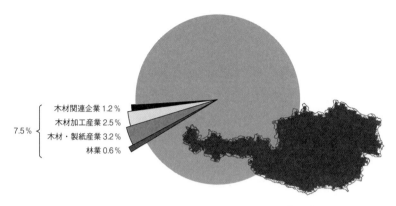

図1 オーストリアの国内総生産のうち林業・木材産業の割合

得られた電力を売って収益を上げています。ヨーロッパではバイオマス活用によって得られたエネルギーを売ると、大変高い補償価格が得られます。発電と同時に出た熱も近隣の工場や住宅の暖房や、製材品の乾燥炉に使用する熱として利用されています。

製材時に出されるカンナクズやオガクズもこの熱で乾燥し、ペレット等に活用され市場で流通しています。このような活用は、生産・流通全体のシステムが総合的に整備されていなければ実現しないのです。

オーストリアの森林法に従って、持続可能な林業の為に最大でも成育分しか収穫できません。前に述べたように毎年約3,000万m³が増え、2,600万m³しか伐採しませんので、結果的に森林面積が毎年増加しています。現在オーストリアには、約2,400万m³(23,832,280)がPEFCによる認証を付けられています。

オーストリアには約400万ha(3,960,200)森林がありますが、その内訳78.6％がPEFCの認証を受けています。

オーストリアの森林関連法には長い歴史があり、古くから複数の法令が定められています。1852年に初めて包括な法令がまとめられ、1975年に現在の森林法が制定されました。以降、改定を繰り返しながら現在に至ります。森林法は民有林と公有林共に適用されています。12章から構成された法令は森林に限らず、森林土壌、森林機能の保全や持続可能な森林管理についても規定を設けています。森林法で扱われている主要項目には、森林の利用計画、森林保護、

河川氾濫および雪崩対策、森林および森林機能の持続可能性の維持、森林教育と資格、森林研究などが挙げられています。

オーストリア森林法は1975年に森林の保護、森林資源の増進、過剰な森林資源利用の抑制などを軸として制定され、国土の約半分を森林地帯とするなど、量的な成果を首尾よく達成しました。このような状況を踏まえ、2002年には森林の質に重点を移した改定が行われました。具体的には、法令内に持続可能性に関する項を設け、定義と目標を提示、森林管理に関しては脱官僚化や制度の簡素化、森林保有者の責任の強化などを示しています。

オーストリア森林法(2002年改訂版)から持続可能性に関する項の抜粋要約

当連邦法における持続可能な森林管理とは、現在並びに将来にわたり生態学的、経済的、社会的機能を地域、国家、世界レベルにおいて他の生態系を損なうことなく満たすために、森林の持つ生物多様性、生産性、再生能力、生命力、潜在力を恒久的に維持するよう規定された森林の保護と利用を意味しています。とりわけ、長期的な森林生産期間を配慮した森林の利用と既存の計画を整備し、森林の目的にふさわしい利用を次世代に伝えていくことを提示しています。

オーストリアでは森林を多面的に活用しており、森林法では森林の持つ機能に従い以下の4つのカテゴリーに森林を区分しています(**図2**)。

- 経済的に活用される木質資源地区
- 洪水、雪崩、土砂崩れなどの自然災害に対する保護地区
- 空気や水資源のための保護地区
- ツーリズムや保養などのためのレクリエーション地区

持続可能森林経営国際機関であるPEFC Austriaは、2018年からPEFCの認証システムをあらためました。これからの目標としては、一般の方にPEFCを広く認知していただく事、2022年までに新しいマーケティングプランにより、より多くの森林経営企業に認証を与えその植栽と木材加工の実地を促進することを掲げています。

さらにCoCやトレードマーク基準を見直そうとしています。

PEFC区域の持続可能報告書は、2017年2月に完成しました。その報告書は、

■ 経済的に活用される木質資源地区
■ 洪水、雪崩、土砂崩れなどの自然災害に対する保護地区
■ 空気や水資源のための保護地区
  ツーリズムや保養などのためのレクリエーション地区

図2　オーストリアの森林区分(提供：オーストリア　サステナビリティ・観光省)

各区域の森林経営の持続可能性維持に寄与しています(位置は**図2**参照)。

❶ ワルドフィルテル(森林区域)、ミュールフィルテル(風車区域)アッパーオーストリア州
❷ 北部亜高山帯
❸ カルパチア盆地・ウィーン盆地
❹ 南東環アルプス
❺ 南部環アルプス
❻ 東部・中間アルプス
❼ 東部・内部アルプス
❽ 北チロル、フォアアールベルク州

　地域委員会の課題は、各地域の森林持続性の長所と短所を明確にすることです。さらに促進の為の目標が定められ、次の報告期間に具体的な実行支援とコントロールがされなければなりません。
　1999～2000年に渡る初期経過後、2001年には159社においての監査の結果、PEFCのCoC認証取得ができました。それ以来PEFCのCoC認証数は、世界的

に増加しました。2017年には世界のPEFC認証は、11,262件まで伸びました。図3のグラフは、過去17年間の推移を示しています。

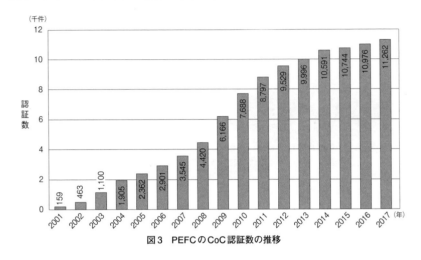

図3　PEFCのCoC認証数の推移

オーストリアでは持続可能な森林経営の基準(PEFC-Standard for Sustainable Forest Management in Austria)に関して、下記のクライテリア(基準)を定めています。

1. 森林リソースの管理、適切な改良とグローバル二酸化炭素リサイクルへの貢献
   (Maintenance and Appropriate Enhancement of Forest Resources and their Contribution to Global Carbon Cycles)
2. 森林エコシステムの健康と活力のメンテナンス
   (Maintenance of Forest Ecosystem Health and Vitality)
3. 森林の生産機能(木材と非木材)のメンテナンスと促進
   (Maintenance and Encouragement of Productive Functions of Forests (wood and non-wood))
4. 森林エコシステムにおける生物多様性のメンテナンス、保護と適切な改良
   (Maintenance, Conservation and Appropriate Enhancement of Biological

Diversity in Forest Ecosystems)

5. 森林管理(特に土壌と水)に於ける保護機能のメンテナンスと適切な改良
（Maintenance and Appropriate Enhancement of Protective Functions in Forest Management（notably soil and water）

6. その他の社会・経済機能と現状のメンテナンス
（Maintenance of other Socio-Economic Functions and Conditions）

それ以外コンプライアンスとしては、森林管理者は、以下の森林管理事項に定められた法律を順守しなければならないとされています。

- 森林管理の実地自然環境保護
- 絶滅危惧種や天然記念物
- 財産(プロパティ)
- 第三者の土地管理と利用
- 労働安全とセーフティ
- 税金とロイヤリティの支払い

文　献

1）Holzforschung Austria web サイト http://www.holzforschung.at（2018年12月10日閲覧）.
2）Quality Austria web サイト http://www.qualityaustria.com（2018年12月10日閲覧）.
3）PEFC web サイト http://www.pefc.org/resources/technical-documentation/national-standards/29-Austria（2018年12月10日閲覧）.

（ルイジ・フィノキアーロ）

【事例3】

森を育てる王子グループ

王子ホールディングス株式会社

王子グループ(以下、当社)と森林認証の関わりは、ニュージーランドで製材とパルプの製造販売を営む関連会社のPan Pac Forest Products(以下、Pan Pac社)がその約3万haの社有林の経営についてFSC森林認証を取得した時点(2001年12月)に遡る。その翌年には江別工場で認証製品の製造を開始した。しかし、当社はそれ以前から日本国内に国有林に次ぐ規模となる約19万haの社有林を有し、海外植林も行っており、木材がなければ成り立たない資源循環型企業として1997年1月に環境憲章を制定し、その行動指針として「森のリサイクル推進」を掲げてきた。「森のリサイクル」とは、木を植えてその成長後に伐採して利用し、また木を植えるというサイクルである。この過程においては健全で成長の盛んな森林が維持されて、産業利用のみならず、二酸化炭素の固定や治山・治水といった機能も発揮される。このポリシーの下、森林認証のような第三者による客観的な評価はなかったものの、国内外で持続可能な森林経営を行ってきたと自負している。

1999年8月に日本製紙連合会で森林認証制度研究会が発足し、当社でもその頃から森林認証の研究・検討が始められた。上述のPan Pac社の認証取得は同社主導で行われたが、グループとしても森林認証に積極的に取り組むことが決定され、2002年には江別工場でFSC CoC認証を取得し、すでにFSC認証を取得していた輸入チップサプライヤーから購入した認証原料(木材チップ)を利用して森林認証紙を製造・販売する方針が定められ、同年7月には当社の森林認証製品第1号であるコピー用紙が上市された。その後、CoC認証は当社マルチサイトで取得され、他工場でも認証製品の製造が拡大していった。

一方、認証製品の製造開始と並行して自社林での森林管理認証の取得拡大も検討が進められ、結果として、国内外の社有林について森林認証を取得する方針となり、海外植林地については2004年2月のニュージーランド植林地

＊FSCライセンス番号：FSC-C014119

事例3 森を育てる王子グループ

写真1　セニブラ社のLagoa da Prata（銀の湖）社有林

(Southland Plantation Forest Company Ltd.)を皮切りに、伐採・チップ輸出の始まった植林地で取得していった。日本国内について林業関係者は、欧米とは森林の所有構造、人工林率、林業経営規模に相違があるため、海外の認証制度ではなく独自の森林認証制度が必要との認識を持っており、2001年後半から日本独自の新しい森林認証制度の設立を模索していた。当社は国内最大の民間森林所有者として、この動きに当初から参画し、新認証制度が「緑の循環認証会議」(以下、SGEC)として発足した2003年12月には静岡県にある当社社有林の上稲子山林が、日本製紙株式会社の所有する北山山林とともにSGECの認証森林第1号となった。その後、当社のSGEC認証林は拡大を続け、2007年12月までに分収林を除くすべての社有林で認証を取得、合計173千haがSGEC認証林となっている。

2011年には、認証製品の販売を拡大すること、また、森林認証の認知度を上げることを狙って、当社製品の中で最も消費者に近い製品である家庭紙(ティッシュペーパーなど)を販売する王子ネピア株式会社で、FSC認証紙を採用した。2017年からは世界的な環境団体であるWWF(世界自然保護基金)ジャパンと提携し、ネピア製品にFSCロゴとWWFのロゴ(パンダ)を表示すること

図1　製品のパッケージデザインでのFSCロゴとWWFロゴの表示例
上：トイレットペーパー、下：キッチンタオル

で、消費者への森林認証制度の浸透・理解に努めている（図1）。
　違法伐採が国際的な問題となる一方で、森林認証制度の目指す資源の持続的利用に焦点が当たるようになり、当社はこれらの社会的要求に応えるべく、2005年4月に「木材原料の調達方針」を策定した。この方針の第1項目として「森林認証を取得した材を優先的に購入する」ことを掲げている。また、購入

事例3 森を育てる王子グループ　　　　　　　　　　　　119

写真2　北海道　美瑛社有林から大雪山系を望む

する木材チップが違法伐採など不適切な手段によって得られた原料に由来しないことを確認するための「トレーサビリティレポート」制度を導入し、サプライヤーが作成したレポートを確認することで、合法で持続可能な林業の重要性を当社とサプライヤーで相互に認識できるようにした。当社はその後も森林認証製品の生産を増やしたが、その過程でさらに厳格な調達方針を定めることになり、2007年4月に新たに「木材原料の調達指針」を策定した。この指針では持続可能な原料購入のみならず環境・社会への配慮を含むCSR調達を行うことが規定され、トレーサビリティレポートの調査事項も保護価値の高い森林の伐採禁止、社会的紛争下にある原料の購入禁止など、従来よりも森林認証(特にFSC)の要求事項を取り込んだ形式になった。FSC認証では認証製品を製造する場合に、いくつかの要求事項を満足する原料(管理木材)以外の混入は認めないため、当社の木材原料調達においてはトレーサビリティレポートによるチェックと森林認証によるチェックの二重の確認が行われる形になっている。必要に応じてサプライヤー訪問など現地調査も行うが、現在のチェック体制は非常に強固なものであると考えている。

　森林認証に取り組む過程で、国内において先住民の伝統的権利の侵害がない

か問題になった際には、各地で聞き取り調査等を通じて実態を把握し、そのリスクが低いことを確認した。この調査は毎年行っており、派生効果として北海道の平取(びらとり)町内に保有する社有林において、2017年12月に平取アイヌ協会、平取町と王子木材緑化株式会社の三者間で、「文化的景観を有する社有林において、森林の保全とともにアイヌ文化の継承、振興に活用し共存を図ることを目的とする」協定を締結するに至った。森林認証が社有林と地域の結びつきを強める一例である。

　生物多様性の面でもいろいろな地域で取り組みが行われている。前述のPan Pac社は、ニュージーランドの国鳥であり絶滅危惧種でもあるキウイの保護活動を、同国環境省や市民ボランティアと協働で実施している(**写真3**)。ブラジルでユーカリを植林し、パルプを製造しているセニブラ社は、社有林のうち560haを天然林保護地区「マセドニアファーム」とし、絶滅危惧種であるムトゥンなどの鳥類を繁殖・飼育して自然に帰す活動を行うとともに、保護地区を森林や生物多様性に関する環境教育の場として学校や地域社会に提供している。同様の活動は日本国内でも行われており、北海道猿払村の猿払社有林では、幻の魚と言われるイトウの保護を目的に現地NPO、行政、研究者と「猿払イトウ保全協議会」を2009年から運営している。最近では高知県四万十町の木屋ヶ内(こやがうち)社有林で繁殖する渡り鳥のヤイロチョウ(**写真4**)保護のため、2016年に公益社団法人生態系トラスト協会と「ヤイロチョウ保護協定」を締結した。これらはある特定の種に焦点を当てた保護活動だが、それぞれの種

写真3　保護されたキウイ　　　　　　写真4　ヤイロチョウ
(写真提供：公益社団法人生態系トラスト協会)

が繁殖するには生物多様性の維持が必須であり、FSCの理念と合致するものと考えている。

　原料の安定調達には持続可能な森林資源の確保が必須であり、そのために森林認証は有用なツールであるが、問題点もいくつかあると感じている。1つ目は、過去にルールの変更や変更提案が数回あり、認証取得者として対応に苦心したケースがあることだ。科学的知見や社会の要請であればやむを得ないが、それ以外の要因による変更や変更提案は認証保有者の混乱を招き、森林認証制度の普及を妨げかねない。2つ目は、持続性の定義の問題である。天然林の伐採・用途転換を認めないことは理解できるが、地域によっては農地に植林され、伐採後は農地に戻ることがある。農地に戻る(または戻る可能性がある)ことで持続性を否定されてしまうと、農地での植林については森林認証が取得できない。植林から伐採までは経済・社会・環境に貢献する高い水準の経営が行われるべきであり、こうした暫定(の可能性がある)森林も対象としていただきたい。3つ目は、一般に1994年ルールと言われるものである。1994年以降に伐採された天然林の跡地に造成された植林地はFSC森林認証を取得することができないと定められている。しかし、現時点で認証基準に適合した経営を行っていれば本来は取得を認めるべきである。「1994年以降に伐採された」という事実は変更することができない。どうしても取得できないのであれば、安かろう悪かろうの森林経営に堕してしまう場合もあるだろう。

　近年、CSR(Corporate Social Responsibility)、ESG(Environment, Social, Governance)、SDGs(Sustainable Development Goals)等、持続性に対する企業の責任がクローズアップされている。当社は前述のとおり、森林認証取得以前から国内外の自社林で医療・教育等の地域社会貢献や絶滅危惧種等、野生生物の保護活動を行ってきたが、認証の趣旨に沿って維持・発展を図りたい。製紙産業は木材がなければ成り立たない産業であるが、幸いにして木材資源は「森のリサイクル」によって持続可能であり、持続させる過程で経済・社会・環境の向上に貢献できる産業でもある。当社はその長い歴史を通じて森林を育ててきたが、森林認証を活用することによって自社林のみならず、当社の原料供給ソースである世界各地の森林も育てることを目指し、サプライヤーや同業他社とともに経済・社会・環境の持続性について責任を果たしていく。　（河辺安曇）

【事例4】

持続可能な原材料調達と
社会のニーズに応える森林認証製品の供給

日本製紙株式会社

1. 持続可能な産業を行う当社の強み

　持続可能な社会の実現を目指す上で、製紙産業は多くの優位性を有している。原料の源である森林資源は再生可能であること、また、製品のリサイクル、つまり古紙の再利用が可能であることから、資源利用の面からは持続可能な産業と言える。その中でも当社は、紙の原料となる木質チップから得られるセルロース・ヘミセルロースは繊維分としてパルプや化成品に、リグニンは重油代替となる燃料や化成品に活用するといった幅広い木質資源利用の技術と歴史を持っている。つまり、森林から得られる木質資源を建築用材としての利用のみにとどまらず、紙や化成品などにマテリアル利用し、マテリアル利用できない資源は燃料用途としてエネルギーに利用している。このように、「木の可能性」を最大限利用した製品・サービスを社会に提供する「総合バイオマス企業」として、木を余すところなくカスケード利用していることが当社の強みである。

　更に、カスケード利用の源となる木質資源を適切な管理がなされた森林から調達すれば、製紙産業は持続可能な社会の構築へ大きく貢献できる産業となる。

2. 持続可能な原材料調達と森林認証（CoC認証の活用）

　当社では、世界的に森林減少、劣化が大きな環境問題として注目された20世紀末以前より、調達する木質原材料については、取引開始前に資源背景について現地調査を行うなどして、その合法性や持続可能性を確認してきた。

　2005年には「原材料調達に関する理念と基本方針」を策定し、このなかで、木質資源は持続可能な森林経営が行われている森林からのみ調達、違法伐採材の撲滅支援、環境・社会に配慮した調達の実施、ステークホルダーとの対話推進などを掲げている。また、この方針に基づいて持続可能な原材料調達を進めるために、具体的なアクションプランを制定・実行している。

　アクションプランの内容としては、海外からの調達についてはトレーサビリ

ティの充実、国内からの調達については合法性証明に関する事業者団体認定の推進を柱としている。特に海外材については、伐採された森林から当社へ至るまでのサプライチェーンの全てを把握するトレーサビリティの確保に加え、サプライヤーへの毎年のアンケート調査や現地調査、ヒアリングも実施している。当社は、持続可能な原材料調達においては、持続可能なサプライチェーンの構築が重要であると捉えている。このため、地域社会や行政機関を含めた多くの人が関与する社会や環境との関わりを踏まえて、サプライヤーとともに、人権や労働環境、地域社会との融和、生物多様性への配慮などを確認している。

　当社は、製紙原料用に調達する全ての木質原材料について、「原材料に関する理念と基本方針」に沿った調達を実践できていることをアクションプランにより自ら確認を行うとともに、第三者の監査を受けている。

　具体的には、当社の調達方針に見合った制度であるとの判断のもと、環境・社会・経済それぞれの持続可能性が求められる国際的な森林認証制度であるPEFCとFSCを活用し、審査を受けている。当社の生産・加工・販売事業においては、PEFCとFSCのCoC認証を取得しており、各認証制度の仕組みにおいても、トレーサビリティ、合法性、持続可能性などの確認を行っている。また、各森林認証制度のFM認証材の積極的な購入を行い、森林認証紙の生産、販売を行っている。従って、当社が製紙原料用に調達する木質原材料は全て、PEFCもしくはFSCのリスク評価を受けたものとなっている。

　森林認証制度の枠組みを活用することで、当社の木質原材料調達の状況をステークホルダーに明確に説明できるようになったことは、大きな利点と捉えている。今後も、責任ある原材料調達を行っていくための、有効なツールのひとつとして森林認証制度を利用したい。

3. 持続可能な資源造成と森林認証（FM認証の活用）

　当社は、調達する木質原材料の持続可能性を確認するとともに、国内外に森林を所有し、持続可能な森林資源の育成を自ら行っている。日本国内に有する約400か所、約9万haの社有林の資源活用を行うと同時に、さらなる資源造成を行うために、1990年代より海外植林事業を推し進めてきた。海外では、木を育て生長した分を収穫・利用する「Tree Farm構想」として、ブラジ

ル、オーストラリアなどで総計約 8 万 ha (2018 年末時点) の植林事業を展開している。

森林経営にあたっては、経済的な持続性はもとより、環境・社会面の持続性に対する配慮も重視しており、地域住民、地域の文化・伝統と自然環境・生態系などへの配慮を行い、森林の多面的な機能を発揮できる持続可能な管理を行っている。持続可能な森林経営がなされていることを第三者に評価してもらうため、また体系的な管理を行うため、当社が管理する国内外全ての森林はFM認証を取得している。各国で取得する森林認証制度は、それぞれの森林・林業の事情に応じ、当社の方針に見合ったものを選択した。

写真 1　SGEC森林認証取得第一号となった静岡県北山社有林

国内社有林では、2003 年にSGEC森林認証取得第一号としての静岡県北山社有林 (**写真 1**) を皮切りに、2007 年までに全社有林でのSGEC森林認証の取得が完了している。海外植林地においては、2003 年に南アフリカでFSC森林認証取得を完了したのち、各国でFSCもしくはPEFCと相互認証されている各国独自の認証制度の取得を進め、2008 年のブラジルでのFSC認証取得で、海外植林地全ての森林認証取得が完了している (**写真 2**)。

写真2 ブラジルAMCEL社植林地　サバンナにユーカリの植林地を造成
（PEFC森林認証とFSC森林認証の両方を取得）

　「木とともに未来を拓く」をスローガンに掲げている当社にとって、森林は最も重要な経営資源のひとつである。当社は、総合バイオマス企業として持続可能な成長をしていくためにも、引き続き自社による森林経営を続け、森林の持続可能性に重点を置いた森林認証制度を今後も活用する考えである。

4. 森林認証製品の供給と責任

　当社は、先述の通り、持続可能な原材料調達を実践しており、製紙用原料に調達する木質原材料はすべてPEFCもしくはFSCのリスク評価を行ったものとなっている。こうした環境や社会に配慮した原材料のみを使って生産した紙を社会に提供していくことは、人間社会の暮らしと文化に貢献し、持続可能な社会の構築に寄与するものと考えている。

　当社は、印刷用紙・情報用紙から板紙に至るまで、様々な用途の紙を国内外に供給しているが、近年はCSR調達の観点から、国際的な事業活動を展開する企業を中心に、森林認証紙を求める要望が高まっている。こうした顧客の要望

に応えるべく、当社ではPEFC認証紙やFSC認証紙の生産・販売に努めている。

PEFCについては、基幹工場を中心に早くより認証を取得し、印刷用紙や情報用紙を中心に国内最大級のPEFC認証紙生産量を誇っている。FSCについては、近年では印刷用紙のみならず、PPC用紙などの情報用紙、紙コップなどの食品容器原紙、更には、化粧品や食料品などの包装容器に使用される白板紙、段ボール原紙といった板紙分野へも急速に普及し始めている。こうしたマーケットの変化にも対応するため、各生産工場でFSC認証の取得を進めてきた。現在では、ほぼすべての工場でFSC認証を取得するに至っており、どの品種の紙でもFSC認証紙を提供できる体制を整えつつある。

なお、当社製造拠点における2018年末時点の森林認証CoC取得状況は、以下となっている((　)は、取得年)。

【PEFC】

北海道工場白老事業所(2007)、秋田工場(2009)、石巻工場(2007)、富士工場吉永(2009)、富士工場富士(2007)、大竹工場(2008)、岩国工場(2007)、八代工場(2010)、紙パック営業本部/江川・三木・石岡事業所(2016)

【FSC】*

釧路工場(2016)、北海道工場旭川事業所(2017)・勇払事業所(2009)・白老事業所(2013)、秋田工場(2016)、石巻工場(2018)、岩沼工場(2017)、勿来工場(2007)、関東工場草加・足利(2016)、富士工場吉永(2016)、大竹工場(2016)、岩国工場(2013)、八代工場(2017)、紙パック営業本部/江川・三木・石岡事業所(2016)

＊FSCライセンス番号：
　①日本製紙株式会社：FSC-C001751
　　※北海道旭川事業所・勇払事業所・白老事業所、石巻工場、岩沼工場、岩国工場、八代工場は同一ライセンス番号。
　　※その他の工場のライセンス番号は以下。
　　　日本製紙株式会社釧路工場：FSC-C129049
　　　日本製紙株式会社秋田工場：FSC-C133166
　　　日本製紙株式会社勿来工場：FSC-C020977
　　　日本製紙株式会社関東工場：FSC-C133163
　　　日本製紙株式会社富士工場：FSC-C133678
　　　日本製紙株式会社大竹工場：FSC-C132226
　②日本製紙株式会社紙パック営業本部：FSC-C128733

5. 当社内における事例；紙パックを通じた森林認証制度の普及活動

　当社の紙パック営業本部では、牛乳パックや紙パックと呼ばれる液体用紙容器の製造・販売や、その中身を詰める充填機の販売、充填機の保守点検などのメンテナンスといった三位一体のサービスを行っている。

　当社が販売している紙パックは、当社の原材料調達方針に見合った持続可能な森林経営がなされていることが確認できている木質原材料由来の容器であり、また、古紙としてのリサイクル利用が可能である。従来、石油由来製品であるペットボトルに対して、紙パックの環境面での優位性について一般消費者に理解頂きたいと考えていた。そこで当社は森林認証マークをパッケージに入れることで、紙パックの環境優位性を「見える化」し、さらに紙パック自体の価値向上を目指すこととした。では、「どうすれば森林認証の良さを顧客にわかってもらえるか」という問題があるが、当本部では営業部員への教育を徹底した。説明する側の営業部員が中途半端な知識で紹介しても、顧客の心に響かない。そこで当本部内でプロジェクトチームを結成し、社内教育、売込み資料の作成等に力を入れている。当社の方針、また森林認証についての説明を丁寧に顧客に行うとともに、顧客企業が作成する紙パックのデザインについても、掲載しやすいマークのサイズや位置などを積極的に提案している。

　当本部では当社他部門に遅れて2016年2月にPEFCとFSCのCoC認証を取得したが、取引先の理解を得て、その後わずか2年間で2億個の製品に森林認証マークを掲載できた。また現在も、森林認証マーク付き紙パックを採用される取引先が着々と増えている。

　ここで、採用事例の中から特に2点紹介したい。まず、セブン＆アイHLDGS様の店舗で販売されている、牛乳やお茶などの紙パック飲料。大手流通企業が森林認証マークを採用した例だが、この事例の特色としては、ひとつの商品でPEFCとFSCの両方が採用されたことである。森林認証は、PEFCとFSCのどちらの認知度が高いか、などという議論になりがちだが、本来あるべき姿は、持続可能な森林経営に寄与する森林認証制度の普及とその重要性を世間に認知してもらうことである。よって、当社は調達方針に見合ったものと判断しているPEFC、FSC両方の認証制度を採用し、普及に取り組んでいる。その考えを取引先に理解いただき、どちらの認証制度も採用された理想的な事例

と考えている。

　もう一つは神奈川県の横浜乳業様が製造販売している、学校給食向けの紙パック牛乳。主に小学生が目にするものなので、マークだけでは何の意味だかわからないだろうというご意見から、PEFCの説明文を追加、さらに「ふりがな」までいれることを提案し、採用いただいた(**写真3**)。このように顧客の意向に沿ったアレンジ提案も採用に結びついた結果と考えている。

写真3　学校給食向けの紙パック牛乳(PEFCの説明をひらがなで掲載)

　森林認証制度は、認証取得企業が森林認証マークのついた製品をより多く市場に送り出し、その製品を通じて、森林認証制度側が一般消費者に対して制度の内容をより分かりやすく伝えていくという両輪で進めることで、さらなる普及に繋がると考えている。当社は、森林認証紙を使った紙パックの提供を通じて森林認証の普及に貢献する取り組みを継続していきたい。

6. 森林認証制度の発展に向けて

　近年の森林認証紙への要求の高まりは、当社が身をもって感じるところであるが、この要求は主にCSR調達を実践する顧客企業からである。一般消費者に広く認識され、求められることが森林認証制度・認証製品の真の姿であろうが、一般消費者における森林認証の認知度はまだ低いと言わざる得ない状況である。

一方で、エシカル消費を重視する消費者は増加していると言われて久しいため、森林認証制度の本来の考え方である、「適切な森林管理が行われている森林資源を使用した製品を市場で区分可能なようにラベリングし、環境意識の高い消費者が多少高くても選択的に購入し、そのプレミアム分を森林経営者に還元することで、適切な森林管理へ消費者が間接的に貢献する」という仕組みを、より効果的に消費者に伝えることが出来れば、一般消費者における森林認証の認知度は向上すると考えている。

現段階では、日本のマーケットにおける森林認証製品は大部分がプレミアム価格となっておらず、FM認証取得者、CoC認証取得者にとっては、コスト・手間が掛かるのみで、適切な森林管理を行っている森林経営者への還元には至っていない。森林認証の価値、つまり認証製品の価格プレミアムが認められるようになり、認証を取得した森林へ還元できる形へとなるためには、CoC制度の特色であるサプライチェーン管理体制を活かすことで、林業従事者や製造業者のみならず、サプライチェーン全体での森林認証制度の本質への意識共有を図ることが重要と考える。サプライチェーン全体で森林認証に関わる問題を共有して解決を図り、全体での繁栄を目指すことが、環境・社会・経済全ての面においての持続可能性を実現することに繋がるだろう。当社は、このサプライチェーンの一員として、適切な森林管理と森林認証製品の供給によりその責任を果たすと共に、サプライチェーンの他の一員に対し、情報開示や森林認証製品の普及を通じて適切な働きかけをしていきたい。

また、世界的に求められているSDGsの達成に向けても、当社は責任ある原材料調達と、それに付随した森林認証制度の活用による森林認証紙の提供を行うことからも、SDGsに取り組む顧客企業に対して貢献していく考えである。

【事例5】

三菱製紙株式会社の取組

三菱製紙株式会社

1. 三菱製紙の概要

　三菱製紙は1898（明治31）年に創業し、日本とドイツに主力の生産拠点を持ち、洋紙、イメージング、機能材の事業を展開している製紙会社である。当社では国内の製紙会社で初めて2001（平成13）年にFSC森林認証（CoC認証）を取得しており、取得した経緯から現在に至るまでを紹介する。

2. FSC森林認証を取得した経緯

　1992（平成4）年に開催された環境と開発に関する国連会議（地球サミット）を契機に、一企業としても「持続可能な開発」の考え方に立って環境問題への取り組みを開始すべきとの考えから、1993（平成5）年に「三菱製紙環境憲章」を制定し、「持続可能な開発」を実行するため様々な環境施策に取り組むこととなった。

　当社はアート紙、感熱紙、インクジェット用紙、写真原紙など、非常に高い品質が要求される製品が主力であったことから、品質上古紙を多く使用できない状況であった。そのため、原材料の多くを木材由来のバージンパルプに依存しており、持続可能な木材の育成・利用が課題であった。

　当時、欧米の製紙会社では、原材料となる木材は持続可能な森林から伐採することが標準になりつつあった。一方、国内では、より古紙配合率の多い再生紙か、熱帯産天然林不使用あるいは植林木100％などのバージンパルプ製品が求められ、将来、持続可能な森林からの木材を使用した紙へシフトしていくことが予想された。

　このため、持続可能な森林からの木材の育成・利用に向けて森林認証制度を利用した紙づくりに取り組むこととなった。

　2001（平成13）年4月にFSC認証取得の方針が決定され、同年5月に八戸工場で取得に向けた資料・作業手順の整備を開始し、同年7月に認証機関による現

事例5 三菱製紙株式会社の取組 *131*

図1　2001（平成13）年8月に八戸工場で取得したCoC認証書

写真1　CoCを最初に取得した八戸工場

地監査を受け、同年8月に日本の製紙会社で初めてCoC認証を取得した。[1]その後、海外植林地(その後売却)でのFM認証取得、国内の生産工場でも順次CoC認証を取得し、2007(平成19)年には国内外全ての生産拠点でCoC認証取得を完了した。[*]

3. FSC森林認証紙の販売

2001(平成13)年の八戸工場に続き、2002(平成14)年に本社営業部門、当社代理店である三菱製紙販売株式会社でCoC認証を取得し、FSC森林認証紙の生産販売体制が整った。当時、国内で環境配慮の紙製品といえば再生紙が圧倒的な地位を占め、当然ながらFSC森林認証紙は全く知られていなかった。そのため、当初は苦戦したが、FSC森林認証紙は「紙の品質」と「森林保全等の環境配慮」が両立可能であることを理解いただいた"環境や森林保全に関心のある企業"が、カタログやパンフレットにFSC森林認証紙と指定して使用されはじめた。これを受けて印刷会社においてもCoC認証取得が進み、FSCマークの付けられる環境が徐々に整っていった。

一方、FSC森林認証紙の生産面において、当時の規格ではパーセント方式(実配合方式)のみであったため、FSC森林認証チップが入荷して紙に所定の比率以上配合されてないと認証紙として販売できなかった。当時のFSC森林認証チップの入荷は年に数回しかなかったため、生産回数、生産量、生産銘柄とも限られていた。2005(平成17)年になると、規格が大幅に改定され、生産方法にクレジット方式(見なし方式)が加わったので、当社も直ちに対応した。クレジット方式では、購入したFSC森林認証チップの量に応じてFSC森林認証紙を生産できるため、生産性(生産量、生産銘柄)が格段に向上し、認証紙の安定供給が可能となった。

FSC森林認証紙が現在のレベルまで普及したのは、関係各社がCoC認証を取得してマークを付けられる環境が整ったことはもちろんであるが、クレジット方式が規格に加わって製紙会社が生産しやすくなったことも大きな要因である。

現在、当社(グループ全体)では、使用木材の43%(2018年度)がFSC森林認証材を占めている。これら認証材をクレジットとして、アート紙、コート紙、上

---

*FSCライセンス番号:FSC-C021528

質紙、書籍用紙などの印刷用紙、コピー用紙、フォーム用紙、ノーカーボン紙、感熱紙、インクジェット用紙などの情報用紙、ティッシュ、トイレットペーパーなどの衛生用紙、パッケージ用の板紙など、様々な品種でFSC森林認証紙を生産販売している。

4. FSC森林認証制度を主体とした様々な取り組み
(1) FSC森林認証の森サポーター制度
　FSC森林認証紙を採用いただいたユーザーから、より森林の育成・保全に貢献したいとの要望を受け、2007(平成19)年岩泉町に協力を仰ぎ「FSC森林認証の森サポーター制度」を開始した。三菱製紙が仲介し、ユーザーと岩泉町が協定を結び、ユーザーの社員が随時、岩泉町に出向き、FSC森林認証林の育成・保全に関わることで、FSC森林認証制度を介したストーリー性のあるCSR活動となっている。
(2) エコシステムアカデミー(写真2)
　2010(平成22)年に国内のFSC森林認証(FM-CoC認証)を取得した社有林(福島県西郷村)を活かした環境教育活動として「エコシステムアカデミー」を開

写真2　エコシステムアカデミー　林業体験(2013年8月撮影)

所した。活動の柱の一つである「体験型環境学習」では、地元の小学生や紙のユーザーに、林業体験(観察・計測・植樹等)や紙すき体験を通じてFSC森林認証制度を学習して頂いている。

5. 合法性証明の手段として

FSCの規格が大幅に改訂された2005(平成17)年から、認

写真3 FSC森林認証(FM/COC)を取得した白河社有林(2019年6月撮影)

証紙に配合するFSC認証材以外の木材(管理木材)について、合法性等のリスク評価を行い、低リスクであることを確認したものでないと使用できなくなった。

当社では、クレジット方式を導入した、2005(平成17)年6月に木材調達方針である「森林資源の保護・育成と木材調達および製品の考え方」(図2)を公表し、

森林資源の保護・育成と木材調達および製品の考え方

1. 現地の法律や規則を遵守して生産されていることを確認の上、木材を調達します。
2. 高い保全価値を持ち、その価値が脅かされている森林からの木材を調達しません。
3. 伝統を守る権利または市民権が侵害されている森林からの木材を調達しません。
4. 遺伝子組み換えによる樹木からの木材を調達しません。
5. 植林木、来歴や環境配慮が明確な二次林材、あるいは再利用材を調達します。
6. 適切に管理された森林からの木材(FSC®森林認証材)の調達を進めます。
7. FSC森林認証製品の積極的な開発・販売を通して、適切な森林管理および信頼のおける森林認証制度の普及を推進します。
8. 上記の取組みに関して適切な情報開示を行います。

図2 三菱製紙の木材調達方針

この方針に基づく木材の調達を開始している。

一方、違法伐採対策としての合法性及び適正管理の確認は、林野庁のガイドラインを基本に、

① 森林認証制度及びCoC認証制度を活用した証明方法

② 個別企業等の独自の取り組みによる証明方法

のいずれかで確認している。

ここで、②に関しては、FSC管理木材の規格にしたがって確認作業を行っており、トレーサビリティーレポートや各種の根拠書類の収集、供給業者の現地監査等によって信頼性を確保している。

なお、林野庁のガイドラインでは合法性証明が不要とされている製材廃材由来チップのリスク評価も、EU木材法施行に対応したFSCの規格改訂に合わせるため、FSCの規格にしたがって確認し、低リスクであることが確認されたもののみ調達している。

一連の取り組みにより、輸入チップは「FSC森林認証チップ（①で確認）」もしくは「FSC管理木材チップ（①で確認）」となり、国産チップは「FSC認証チップ（①で確認）」もしくはFSC管理木材の規格で低リスクとされた「管理木材チップ（②で確認）」になった。本年のFSC年次監査において、使用するすべての木材が合法性について低リスクであることが第三者により確認されている。FSC森林認証材は、レイシー法やEU木材法がそのまま合法性OKと認めるところまでは行っていないが、FSC認証制度の利用により合法性証明の簡略化および信頼性向上が可能になった。[2]

6. 最後に

FSC森林認証制度を通じた持続可能な紙づくりを始めて17年が経過した。これまでFSC森林認証紙を採用いただいた多くの皆様、認証審査・更新時にご指導いただいた認証機関の皆様FSCジャパンをはじめFSC関係の皆様に感謝を申し上げるとともに、引き続き安心してご使用いただけるよう安定供給に努めていきたい。

文　献

1) 庭田博章(2003)：「森林認証取得の取り組み——FSC CoC認証取得について——」. 紙パ技協誌57(1)：74-78.
2) 田中俊有・飯田和俊(2014)：「「印刷用紙におけるFSC認証」——信頼される木材合法性証明をめざして——」. 日本印刷学会誌51：15-21.

（田中俊有）

【事例6】

住友林業の取組

住友林業株式会社

1. はじめに

　私たち住友林業グループは、1691年の創業以来320余年にわたり「木」を軸とした事業を行ってきた。森林経営事業・木材流通事業・住宅事業等を通じ、近年では木質バイオマス発電や海外住宅など幅広い事業・地域にて事業展開している。

　2015年9月の国連サミットにて「SDGs(持続可能な開発目標)」が採択されるなど、環境・経済・社会に対しての持続可能性について世界的に関心が高まっている。また、日本国内においても、SGEC森林認証と国際的な森林認証であるPEFC(Programme for the Endorsement of Forest Certification Council)森林認証の相互承認の実現(2016年6月)や「合法伐採木材等の流通及び利用の促進に関する法律(クリーンウッド法)」(2017年5月施行)に代表されるように、木材・木材製品の合法性、持続可能性の確認が強く求められていることは言うまでもない。これは当社グループの経営理念が目指すにところにも一致しており、経営理念に則るとともに社会的要請に応えるべく、持続可能で豊かな社会の実現へ向けて様々な取組を行ってきた。当社グループは「持続可能性」を重要な経営理念として掲げているが、その理由は過去、別子銅山の開発(現在の愛媛県新居浜市)において森林破壊をしてしまった反省がある。「国土報恩」という自然への感謝の気持ちを忘れてはならないことを教訓とし、環境・社会・経済を成立させるために尽力している。

　本事例紹介のひとつとして、当社グループのビジネスモデルの特徴でもある川上「森林管理」、川中「木材流通」、川下「木造住宅」の循環モデルに沿いながら森林認証に関わる当社グループでの取組について紹介していきたい。

事例6 住友林業の取組

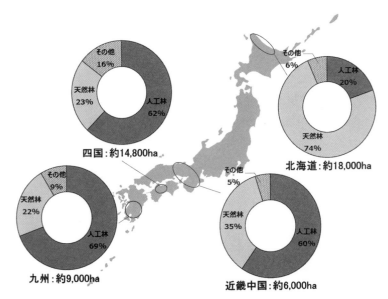

図1 国内社有林の分布図(2019年4月1日現在)

2. 住友林業グループと森林認証
(1) 川上(森林管理事業)
① 国内森林管理事業

　当社グループは全国に約4万8,000haの山林(2019年4月、日本国土の約800分の1)を所有している(**図1**)。人工林約50％、天然林約40％で、人工林はスギ・ヒノキ、北海道においてはカラマツ、トドマツが大きく割合を占めている。社有林の管理は当社山林部が担い、伐採・営林・造林の循環型施業を行っている。2006年9月に当時所有する全山林(約4万200ha、四国社有林にてゴルフ場に供している森林は除く)においてSGEC(緑の循環認証会議：Sustainable Green Ecosystem Council)森林認証のFM(森林管理：Forest Management)認証を取得した。全国に広がる社有林を対象に一括して森林認証を取得したのは、当社グループが国内で初めての事例である。以降、定期・更新審査、拡大審査を継続的に行い、適切な森林管理の維持に努めている[1]。

　当社が森林認証取得に至った経緯として、「小面積皆伐の導入」という施業

---
[1] 2019年4月時点でも所有する全山林においてSGEC森林認証の取得を継続している。

方針の変更があった。これは、公益的機能と将来の木材資源生産機能を高める
ために、1991年以降長期的な間伐を中心とした施業を行ってきたが、人工林
の多くが収穫期に達し、適切な木材資源の活用として主伐再造林の重要性が高
まったためである。当時社会的にはまだ「皆伐」に対するマイナスな印象が残
る中で、いかに持続可能な森林経営であるかをきちんと示す必要があった。森
林法に基づく森林施業計画制度(2014年の森林法改正により現在は森林経営計画
制度)への認定やISO14001の取得をしており、法令に準拠した森林経営と環境
マネジメントシステムの確立への評価は十分に得ていたが、日本特有の気候
風土に合ったSGEC森林認証を取り入れることで、社有林事業が「環境・社会」
へ配慮した持続可能な経営を行っていることを確固たるものとし、企業ブラン
ドの向上を目指したのである。

　また、当社グループの100％子会社である住友林業フォレストサービス株
式会社(以下、フォレストサービス社)は、国産材流通に携わる会社であるが、
SGEC森林認証のCoC(加工流通過程の管理：Chain of Custody)認証を2006年9
月に取得しており、社有林から出材されたFM認証材を取扱うことでサプライ
チェーンの繋がりを絶やさないような事業モデルを構築している。

　SGEC森林認証では7つの基準が定められているが、具体的な取組を基準別
にいくつかの事例を挙げて紹介する。

　基準1の「認証対象森林の明示及びその管理方針の確定」への対応だが、住
友林業では、都道府県の森林簿に相当する独自の「森林調査簿」を整備し、社
有林の森林情報の一元管理と年次更新を行っている。また、当社独自の森林
GISにて森林の所在地の管理を行うとともに、森林調査簿を森林GISへ接続さ
せることで、最新の社有林の図面や施業履歴・林道台帳等を整備・管理してい
る。認証規格の要求する森林管理計画としては、森林経営計画の属人計画とと
もに、当社独自の5か年施業計画を樹立しており、現在は「第10次森林施業計
画」の定める施業方針やゾーニング、伐採計画に基づいて施業を実施している。

　次に、SGECの要求事項の中でも特に重視されている基準2の「生物多様性
の保全」と基準7「モニタリングと情報公開」への対応である。住友林業では、
2006年の認証取得時に「生物多様性に関する基本方針」を策定し、その後も
「天然林施業マニュアル」や「樹洞木の取り扱い指針」等、各種マニュアル及び

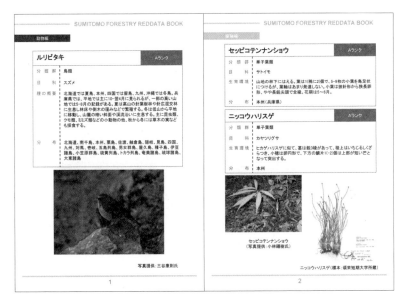

図2　住友林業レッドデータブック

指針の整備を進めてきた。また、社有林の分布する地域ごとに「住友林業社有林レッドデータブック」を整備しており、社員だけでなく、請負事業体の作業員にも携行を義務付けている(図2)。実際に、皆伐作業や山林調査時に社有林レッドデータブックに記載されている動植物を発見した際は、移植等の適切な保護処置を取っている。2019年2月には、愛媛県新居浜市に所在する社有林にて「ツガザクラ」が分布南限に自生しているとして国指定天然記念物に指定されたが、当社及び住友金属鉱山、住友共同電力、新居浜市(旧別子山村を含む)の4団体で形成されている「ツガザクラ自然保護協議会」と、地元の登山愛好家グループ「憧山会」などと協力し保護に努めている。

　また2008年からは、小面積皆伐跡地の生物多様性の回復状況を調査する「生物多様性モニタリング調査」を開始し、2015年度までに全国に分布する各山林において計8回の調査を実施した。2016年度からは、社有林における猛禽類のモニタリング調査と生育適地評価も開始している。皆伐後では閉鎖林冠にギャップが生まれることで、新しくパイオニア種の移入や猛禽類のエサ場として役割を担っていると推測される結果が得られている。

写真1 水辺林として保護した人工林(北海道)(2016年8月撮影)

　近年では、事業の実施状況に伴い変化する生物多様性へ配慮するとともに森林の公益的機能を定量評価するために「生態系サービス」の評価手法確立を目指し情報収集及び環境評価事業体との協議を行っている。

　次に、基準3及び基準4の「土壌及び水資源の保全と維持」・「森林生態系の生産力及び健全性の維持」への対応である。住友林業では本基準に対し、「水辺林管理マニュアル」を策定し、水際斜距離で概ね15mの範囲を水辺林管理区域として保護する方針を定めている(**写真1**)。更に、先述の第10次森林施業計画では、「一か所あたりの皆伐限度面積は原則10ha以下」とするとともに、「隣接林分の皆伐を行う場合、隣接の植林した苗木の活着」を条件とすることを定めており、森林生態系に配慮した小面積皆伐と伐採後の確実な更新を徹底して行っている。

　基準5の「持続的森林経営のための法的、制度的枠組みへの対応」は、SGECとPEFCの相互承認開始に伴い、2016年度以降の審査で特に重視された項目の一つである。住友林業では、山林経営を行う上でISO14001の手引書に従い、遵守が必要となる関連法規の一覧表を年1回更新するとともに、各現場において法令の遵守状況を毎年確認している。また北海道山林では、地元の紋別地方の歴史や民族に関する講義を社員が受講するとともに、社有林内に所在する川や地名の由来等を知り、固有の文化を理解する取り組みを続けている。また、

写真2 安全大会の様子(愛媛県)

史跡情報がその地域周辺で発見された場合、史跡の保護に積極的に取組む姿勢である。

労働安全については、現場での安全パトロールの実施や社員及び請負事業体の作業員全員が参加する安全大会を年2回実施している(**写真2**)。前者においては、現場での作業の様子を見て、危険動作や安全規定への不足があった場合、請負事業体等に直接的な指導を行っている。また、後者では、専門家による労働災害に関する講義や、安全作業に関する現場指導を受けている。安全大会の中では、各施業指針やマニュアルの内容が実際の施業に適切に反映されるよう、SGECの各基準や水辺林・生物多様性の保全について当社社員が作業員に直接説明を行っている。

このように住友林業では、各種指針やマニュアルの整備、審査指摘事項の是正、社員及び請負事業体の作業員への環境教育、新規格への適切な対応など、認証を維持する各プロセスにおいて自らの山林管理の見直しを積極的に行ってきた。今後も認証の維持・拡大を図りつつ、環境と共生した持続可能な森林管理のあり方を追求していく方針である。

② **海外植林事業**

当社グループでは、海外においても植林事業を実施しており、インドネシア、パプアニューギニア、ニュージーランドにおいて約23万haの山林を管理している。木材を生産し、植林木の原材料供給を増やすことを目的とした「産業植林」では管理する土地を適切にゾーニングすることで、貴重な生態系の保全と植林事業による地域社会の発展を両立する事業を目指している。

100％子会社であるPT. Kutai Timber Indonesia(インドネシア)、Open Bay Timber Ltd(パプアニューギニア)、Tasman Pine Forests Limited(ニュージーランド)では、それぞれ2008年12月、2011年9月、2016年9月にFSC(森林管理協議会：Forest Stewardship Council)のFM認証を取得済みである[*]。また、合弁会社であるPT. Wana Subur Lestari、PT. Mayangkara Tanaman Industri(いずれもインドネシア)では、それぞれ2013年6月、2013年9月に、インドネシア国内森林認証であるPHPL認証を取得済みである。2019年1月現在、当社グループのFSC-FM認証取得済山林面積は合計5万266 ha、PHPL認証取得済山林面積は合計11万5,620 haである。

(2) 川中(木材流通事業)

当社グループでは、2007年に「木材調達理念・方針」を定め、取扱木材・製品の合法性確認100％を維持するとともに、国産材や植林木・認証林を中心とした森林からの木材調達を推進してきた。また、2015年7月には上記方針の改訂を行い、現在は木材以外の建築資材・製品原材料や商品の調達も含めた「住友林業グループ調達方針」に基づき調達を進めている。当社グループの流通を担う部門として国内はグループ会社の住友林業フォレストサービス、海外は住友林業国際流通営業部が主となっている。これら2つにおいて取組を紹介していきたい。

① 国内木材流通事業

国内の木材流通事業において、100％子会社の住友林業フォレストサービス社は社有林材を始めとし、国産材丸太・製品の流通及び販売を行っており、2006年にはSGECのCoC認証を取得し、認証材の販売を開始した。なお、CoC認証取得状況は**表1**に示す通りである。国内におけるSGEC認証材の販売量は、2016年度では約6万8,000 m³、2017年度では約7万8,000 m³ と年々増加させており、2020年度までに8万5,000 m³ 以上とすることを目標としている。

② 海外木材流通事業

住友林業は原木や木質パネルなどの建築資材の仕入れと販売を行っており、2006年3月にFSCのCoC認証を取得し、2008年9月にPEFCのCoC認証を取得した。「住友林業グループ調達方針(2015年7月改訂)」に基づき，取扱木材及

---

[*] FSCライセンス番号：FSC-C113957

事例6　住友林業の取組　　143

表1　住友林業グループにおけるCoC認証取得状況（2019年3月時点）

組織名	認証制度	取得年月日	認証番号	認証機関
住友林業株式会社	FSC	2017/12/14	CU-COC-823910/ CU-CW-823910	Control Union Certifications
木材建材事業本部 国際流通部、支店部	PEFC	2017/12/14	CEF1201	(財)日本ガス機器検査協会（JIA）
住友林業株式会社 木材建材事業本部 木材建材部、北海道支店 住宅・建築事業本部 木化推進部	SGEC	2017/1/24	JIA-W045	日本森林技術協会（JAFTA）
住友林業株式会社 木材建材事業本部 北海道支店 住宅・建築事業本部 資材開発部	SGEC	2017/10/1	JAFTA-W038※2	日本森林技術協会（JAFTA）
住友林業フォレストサービス株式会社	SGEC	2016/9/25	JAFTA-W017	日本森林技術協会（JAFTA）
住友林業クレスト株式会社	FSC	2018/4/18	SGSHK-COC-006693	SGS
	SGEC	2017/12/26	JAFTA-W041	日本森林技術協会（JAFTA）
ネルソン・パイン・インダストリーズ（NPIL）（ニュージーランド）	FSC	2019/6/21	SAI-COC-001290 /SAI-CW-001290	QMI-SAI CANADA Limited
クタイ・ティンバー・インドネシア（KTI）（インドネシア）	FSC	2015/1/10	TT-COC-002009	BM TRADA
インドネシア住友林業	FSC	2016/4/26	TT-COC-005903	PT. Mutuagung Lestari
シンガポール住友林業	FSC	2018/12/5	NC-COC-005542 / NC-CW-005542	Nature Economy and People Connected

※1　CoC（Chain of Custody）認証は、林産物の加工・流通過程に関与する事業者を対象とした制度。加工・流通の各プロセスで、認証を受けた森林から産出された林産物（認証材）を把握するとともに非認証材のリスク評価が行われていることを認証し、一連のプロセスに携わる全事業者がCoC認証を受けている場合、製品に認証マークを表示できる。
※2　統合事業体認証のため、住友林業グループ以外の事業体を含む。

び木材製品の合法性確認100％の維持と持続可能性に配慮された森林からの木材調達に注力してきた。北欧や北米の製材では特に高い認証材の取扱実績を維持しており、2017年度の仕入れベースでの森林認証材の購入割合は取扱量全体の7割（年間約52万7,000 m³）に及んでいる。原木では、認証材の購入割合は取扱量全体の約30％に留まるものの、今後とも認証材比率の高い米加材やNZ材を継続的に取り扱うことで、認証材取扱比率の引き上げを図る方針である。

　また、販売先へのコミュニケーションに活用することを目的に、森林認証材及び持続可能な植林木を50％以上利用している環境配慮型の合板「きこりん

写真3　SGECマークを表示した認証材柱の例

プライウッド」を2009年11月に商品化している。この商品の売上の一部はインドネシアでの植林費用に充当し、その植林面積は105haに達している。2017年度からはこの植林地で育った木が再び合板の原料となるなど、循環モデルが構築されつつある。きこりんプライウッドの販売実績は増加傾向であり、2016年度では約3万m^3、2017年度では約4万6,000m^{3}となっている。今後も認証材を活用した商品を拡販することで、認証材取扱比率の向上を目指している。

(3) 川下 (住宅事業)

　認証材を使用した住宅販売に取り組む国内住宅事業の事例を紹介する。2007年に当社住宅部門及び提携プレカット工場30社がSGECのCoC認証を同時取得したことで、当社住宅の柱・土台などの対象製品に、持続可能な森林からの調達木材であることを示す「SGECマーク」を表示することが可能となった(**写真3**)。また建築した顧客に対して、環境に配慮した木材を使用して建築した住宅であることを証明する「SGEC森林認証材・使用証明書」の発行も可能となっている。

　これを受け、2008年より札幌支店では認証材を使用した住宅の販売を開始し、紋別社有林産を含む認証材カラマツを集成材として加工した大壁管柱を標

準仕様とすることで、2019年度までに累計1,432棟(一部東北エリアにおける販売を含む)の認証材使用住宅を販売した。また2009年には，北海道における森林認証材の利用拡大を目指し、近隣の大規模山林所有会社の民有林から出材する認証材を住友林業の住宅に使用する協定を締結した。大規模山林を所有する民間企業による初めての共同事業となった本取り組みは，森林認証林を核とした地域山林の団地化のモデルとなる先進的な事例だと考える。今後国産の認証材を使用した住宅の販売を拡大していくためには、国内全体からの認証材の安定供給体制を整備すると同時に、消費者に対し森林認証の付加価値が認識されるように普及活動を促していく必要があると考えられる。

3. 今後の課題と展望

　ここまで、住友林業グループの川上「森林経営」、川中「木材流通」、川下「木造住宅」それぞれの事業領域における森林認証との関わりを紹介してきた。これまでの様々な取組によって、社内での森林認証や認証材に対する理解は得られてきたといえるだろう。しかしながら、日本国内において、森林認証が十分な理解をされているのであろうか。林業、木材流通、加工関係者、住宅建設者および行政機関が一丸となって、森林認証の普及拡大に取り組むことが求められている。現状、各事業体の認証取得は拡大しつつあるが、次のステップとして、認証製品の展開基盤構築が重要と考える。例えば、生産や流通において認証製品の差別化を図ることが挙げられる。認証製品を利用することで、「自然環境保全等に貢献している」という価値を消費者にもっと知っていただく仕組みを作り、購入を促進させていくことが考えられる。一方、日本国内においてクリーンウッド法が浸透することで合法性を重視した政策が確立する中で、さらに森林認証や認証製品に対する新たな枠組みや取扱いについて、非認証製品と差別化を図るような施策を従来の仕組みと併せて検討を行っていく時期が来ている。

　住友林業グループは林業・木材業界の一員として、社会情勢がめまぐるしく変化する中で環境・社会・経済の3つを両立させ、持続可能な社会の実現に貢献するツールとして、森林認証の重要性を認識するとともに、常に振り返りながらこれからも積極的な取組を続けていきたい。

【事例 7】

「三井物産の森」での多面的な取組

三井物産株式会社

1.「三井物産の森」概要

　三井物産は、北海道から九州まで全国74か所に合計約4万4,000 haの社有林「三井物産の森」を保有している（**表1、図1**）。広さは東京23区の約70％、日本

表1　「三井物産の森」山林名と面積

No.	所在地	山林名	面積ha	No.	所在地	山林名	面積ha
1	北海道	茶安別（ちゃんべつ）	779	38	〃	女堂（おんなどう）	5
2	〃	北見（きたみ）	19	39	〃	南葉（なんば）	244
3	〃	十弗（とおふつ）	885	40	富山県	河原波（かわらなみ）	81
4	〃	第二十弗（だいにとおふつ）	163	41	福井県	河野（こうの）	26
5	〃	浦幌（うらほろ）	2,554	42	〃	木谷（きだに）	515
6	〃	下頃部（したころべ）	402	43	千葉県	亀山（かめやま）	47
7	〃	本別（ほんべつ）	108	44	岐阜県	白川（しらかわ）	112
8	〃	石井（いしい）	308	45	〃	ヤカンバタ	112
9	〃	沙流（さる）	5,769	46	〃	金山（かなやま）	843
10	〃	似湾（にわん）	4,750	47	静岡県	大嶺（おおみね）	56
11	〃	似湾乙（にわんおつ）	990	48	〃	平沢（ひらさわ）	72
12	〃	穂別（ほべつ）	525	49	愛知県	東薗目（ひがしそのめ）	109
13	〃	占冠（しむかっぷ）	154	50	〃	後山（うしろやま）	101
14	〃	宗谷（そうや）	1,960	51	長野県	木沢（きざわ）	137
15	〃	枝幸（えさし）	309	52	三重県	三戸（さんど）	1,138
16	〃	浜頓別（はまとんべつ）	370	53	〃	高尾谷（たかおだに）	45
17	〃	初山別（しょさんべつ）	1,094	54	〃	伊賀（いが）	56
18	〃	羽幌（はぼろ）	826	55	〃	鈴鹿（すずか）	142
19	〃	古丹別（こたんべつ）	310	56	〃	志摩（しま）	73
20	〃	沼田（ぬまた）	10,446	57	〃	育生（いくせい）	14
21	〃	知内（しりうち）	221	58	和歌山県	佐本（さもと）	202
22	〃	泉沢（いずみさわ）	287	59	〃	甲斐ノ川（かいのがわ）	99
23	〃	大野（おおの）	680	60	〃	美山（みやま）	129
24	〃	恵山（えさん）	1,161	61	〃	東浦（とうら）	155
25	〃	茂辺地（もへじ）	10	62	〃	国王山（こくおうやま）	290
26	〃	大江（おおえ）	238	63	兵庫県	関宮（せきのみや）	30
27	〃	古平（ふるびら）	126	64	奈良県	高原（たかはら）	106
28	〃	泊（とまり）	248	65	〃	殿川（とのかわ）	16
29	青森県	大鰐（おおわに）	155	66	〃	天川（てんかわ）	67
30	秋田県	馬場目（ばばめ）	100	67	〃	野迫川（のせがわ）	110
31	〃	大庫沢（おおくらさわ）	39	68	京都府	清滝（きよたき）	189
32	〃	秋田（あきた）	49	69	広島県	君田（きみた）	164
33	山形県	金目（かなめ）	699	70	山口県	雄笠（おがさ）	15
34	福島県	田代（たしろ）	999	71	〃	錦（にしき）	254
35	新潟県	越沢（こえさわ）	53	72	大分県	城ヶ岳（じょうがたけ）	179
36	〃	金丸（かなまる）	405	73	〃	槻木（つきのき）	41
37	〃	八ツ口（やつぐち）	225	74	熊本県	矢部（やべ）	14

合計74か所　総面積44,405ha

事例7 「三井物産の森」での多面的な取組　　　　　　　　　147

図1　「三井物産の森」位置図（2019年3月現在）

の国土の0.1％の面積に相当する。林業を通じて長い年月をかけ森を育み守るとともに、多面的に利活用してきた。

「三井物産の森」の保有意義

　当社は「三井物産の森」を、「社会全体に役立つ公益性の高い資産」であると位置付けている。森林は木材という再生可能な天然資源を生み出すほか、

適切な管理・整備を継続して行うことで、二酸化炭素の蓄積・吸収を初めとする様々な公益的機能を発揮する。「三井物産の森」は、現在年間約56万トンの二酸化炭素を蓄積・吸収している他、水源涵養機能や土壌保全機能なども含めた様々な森林の多面的機能を有している。当社は、こうした森林の持つ社会的価値を認識し、森林を良好な状態で長期に維持・保有していくことは、大切な社会的責任であると考えている。

　森林を適切に管理するだけでなく、多面的に活用する取組も進めている。社会や地域への貢献活動の一環として、「三井物産の森」を通じた環境教育や、森林資源を利用した周辺地域の文化・伝統行事の支援を行っている。さらに、「三井物産の森」の未利用材を木質バイオマスとして周辺地域の発電等の燃料に有効活用することにも取り組んでおり、活用の幅は多岐に広がっている。

2. 森林認証を取得した目的、経緯

　当社は2006年にSGEC認証を、2009年にFSC認証[*]を取得し保持している。森林認証制度は、一定の基準に照らし、責任ある森林資源管理が行われているかどうかを第三者が調べて認証するものであるが、当社は、認証制度で求められる国際水準の基準に準拠し、客観的に適切と認められる管理方法により持続可能な森林経営を行っている。

(1) 森林認証を取得・保持することのメリット

　当社は、森林認証を取得・保持することにより、森林のサステナビリティが長期に亘って守られると考えている。

　認証を維持していく為には、審査機関による5年毎の更新審査、毎年の維持審査を受け審査をパスする必要があり、相応の準備作業が必要だが、定期的に自らの管理方法を振り返り、不足する点があれば補正することが出来る、良い機会となっている。

　また当社は、当社のマテリアリティ（持続的成長を遂げるために重要な経営課題）を特定している。2015年に特定したマテリアリティの見直しを実施し、2019年4月、「安定供給の基盤をつくる」「豊かな暮らしをつくる」「環境と調和する社会をつくる」といった新たな5つのマテリアリティを特定し対外的に公

＊FSCライセンス番号：FSC-C057355

表した。[2]「三井物産の森」と森林認証の取組はこれらマテリアリティにも合致
している。昨今世界的に注目されている国連の持続可能な開発目標SDGsの達
成にも森林認証の取組は寄与する[3]ことから、当社は森林認証のイニシアチブへ
の参加をサステナビリティレポート等で株主・投資家や地域社会等のステーク
ホルダーに向け積極的に発信し、森林認証が果たす持続可能な社会構築に向け
ての責任ある調達(サプライチェーンCSR)や地域社会との関わり等の取組を紹
介している。

(2)「ダブル認証」
……FSC/SGEC両認証、FM/CoC双方の認証取得・保持の意義

上記の通り、森林認証の取得・維持には厳格な審査に対する対応と費用がか
かるが、当社は加工・流通過程の企業がFSC、SGEC、どちらの認証を持って
いても対応出来るよう、全山林を対象に両方の認証を取得し維持している。国
内民間所有の1万ha以上の森林でこの2つの主要な森林認証を取得している
のは2019年5月末現在、「三井物産の森」のみである。

また「三井物産の森」に関しては、SGEC、FSC、ともに当社がFM認証を、
また素材(丸太)を製造・販売する三井物産フォレスト(当社100%子会社)がCoC
認証(FSC、SGEC)を取得し、一貫した素材供給体制を整備している。

2つの森林認証を保持する「ダブル認証」をベースとした素材供給体制を整
備しているからこそ、様々な認証材の需要に対応することが可能となる。例え
ば、2016年5月に開催された伊勢志摩サミットでは会議用メインテーブルの
家具に「三井物産の森」からFSC認証材であるヒノキが、また新国立競技場整
備事業にSGEC認証材であるスギの原木が活用された。

3. 森林認証の維持を通じた森林管理の実情

当社が森林認証の維持を通じてどのように持続可能な森林管理、林業経営を
行っているのか、森林認証が重要視する環境、経済、社会の3つの視点を念頭
に、具体的な対応状況を述べる。

(1) 森林管理区分(ゾーニング)について

「三井物産の森」は、日本全体の森林比率と同様、人工林約40%、天然林お
よび天然生林約60%で構成されている。この森林をそれぞれの特徴に応じて

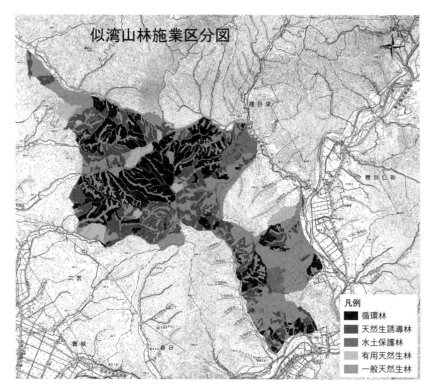

図2　平取(北海道似湾)管内のゾーニング色分け図

区分し、管理方針を設定しており、これを森林管理区分(ゾーニング)と呼んでいる(図2)。ゾーニングを行うことにより、人工林で得られた収益を天然林や天然生林の保全にも活かすという経済的にも効率的かつ環境保全にも有効な濃淡管理が可能となる。ゾーニングは森林認証で求められる「環境」「経済」「社会」様々な面で適切な森林管理を行う上でも有効かつ効率的な管理手法である。

(2) 環境：森林管理区分による自然環境の保全

「三井物産の森」のゾーニングでは、人工林を「循環林」「天然生誘導林」に、天然林/天然生林を「生物多様性保護林」「有用天然生林」「一般天然生林」「その他天然生林」に区分し、管理方針を設定している。特に生物多様性の観点から重要性が高いエリア「生物多様性保護林」は、FSC認証を取得するにあたって2009年から新たに区分したもので、「三井物産の森」全体の約10％を占める。

さらに「生物多様性保護林」を細かく4つ（①特別保護林、②環境的保護林、③水土保護林、④文化的保護林）に区分し、それぞれの特徴に応じた管理を行うことで、生物多様性の保全により踏み込んだ森づくりを目指している。

　また当社は、森林を適切に管理するだけでなく、「三井物産の森」を活用した環境教育活動も行っている。「三井物産の森」には田代山林（福島県。学術的にも貴重な高層湿原が広がり一部は尾瀬国立公園に指定）や宗谷山林（北海道。日本最大の淡水魚、絶滅危惧種であるイトウが生息）のように貴重な生態系を有する森が多く存在し、首都圏近郊の亀山山林（千葉県）でもエビネ、コクラン、ヒメネズミなどの希少生物が生息している。全国の小中学校へ赴いて行う出前授業ではこうした生物多様性に関する学びと共に、森林が果たす役割や林業の仕事について、映像も交えた気づきの場を提供している。また一般の親子や株主の方々また当社役職員に実際に「三井物産の森」を案内し、間伐など林業体験や自然観察などを行う森林プログラムの実施など、様々なステークホルダーに向けた啓蒙・発信活動を行っている。

写真1　南葉山林（新潟県）
管理区分「水土保護林」。全てが天然林及び天然生林で構成され、水を蓄えるブナが広がる森。

写真2　田代山林（福島県）
管理区分「特別保護林」。学術的に貴重な高層湿原が広がり、山林の一部が尾瀬国立公園に指定。

事例1. 慶應義塾大学での寄付講座「フォレスト・プロダクツ論」

　当社は、2013年度から16年度まで4回にわたり、安藤直人氏（東京大学名誉教授）が総合監修及び講義をされた、慶應義塾大学湘南藤沢キャンパス（SFC）での掲題講座に寄付を行った。「木の新たな時代の到来」をテーマに木の可能性を多面的に紹介する本講座では、当社社員も一部の講義を担当し森林認証制度に関する講義や、希望者を募り前述の亀山山林での林業体験、また周辺木材

産業の見学機会を設けるなど学生の理解深化に寄与。最終年度には約300名が受講する人気講座となった。

事例2．当社教育プログラム、三井物産「サス学」アカデミーのフィールドとして活用

当社は、未来の担い手である子どもたちがサステナブルな未来を創る力を育むための学び「サス学」(当社登録商標)を展開、全世界における当社事業を教材として、全国の小学生4〜6年生を対象に全5日間の三井物産「サス学」アカデミーを2014年から開催している。[5]

2018年度は「未来の健康生活」をテーマに当社が手掛ける様々な健康・医療関連の事業・取組を通じた学びのひとつとして1日を亀山山林で過ごした。森と、人間の健康との関わり、森が健康であることが未来を考える上で大切であることを、自然との触れ合いや林業体験(間伐見学)などを通じて実地で学んだ。

(3) 経済：環境保全と林業の両立、地方経済への貢献

「三井物産の森」は、日本の年間木材需要の約0.1％(5万〜6万m^3)の木材を供給している。当社は、人工林において「植える―育て―伐る―使う」という適切な循環施業を実施する中で「環境保全と林業の両立」を目指し、施業で得た収益を人工林の循環施業に利用するだけでなく、天然林および天然生林の整備にも資金を還流できる、経済性のある仕組みづくりに取り組んでいる。更に、森林と林業を取り巻く国内の環境変化に合わせ、随時、上述したゾーニングの再定義と区分の見直し作業を行い、生産林と環境林の経済的な濃淡・メリハリをつけた利活用を促進している。

また当社は、林業の成長産業化に向け、木材の用途開発を推進して国産材の利用を広げていくことが重要だと考え、様々な取組を行っている。木材を余すことなく、様々な用途に使用していくことは喫緊の課題であるが、当社は未利用材をチップやペレット化してボイラーやストーブの燃料として無駄なく使

写真3　高性能林業機械による施業風景
国産材の活用を広げていくために、循環林で効率的な林業を追求し、丸太の安定供給に努めている。

うなど、化石燃料の代替としての木質バイオマスエネルギーの利用促進も進めており、地域経済にも貢献している。当社が出資参画している北海道苫小牧バイオマス発電事業(2017年4月運転開始)や北海道下川町でのバイオマス発電事業(2019年4月28日運転開始)へ社有林から安定的な燃料材供給を行っている(**写真3**)。

(4) 社会：地域社会とのコミュニケーション

日本の森林は日本人の文化と色濃く結びついている。適切な管理を継続的に行うためには、森林の持つ大きな機能として文化を育むという点があることを忘れず、地域の文化・伝統保全にもつなげる活動を積極的に行い、地域社会と良好な関係を築くことが重要である。

「三井物産の森」のひとつ、沙流山林はアイヌ文化発祥伝説が残る北海道・平取町二風谷近くにあり、古くからアイヌの人々が利用してきた山林である。当社は、平取アイヌ協会及び平取町役場と2010年に協定を結び、「チャシ」と呼ばれる伝承地の保全、アイヌ民族の代表的な衣服である樹皮衣「アツシ(アットゥシ)」の素材となるオヒョウの木の苗の共同育成など、アイヌ民族の文化の保全、振興活動を継続的に行っている(**写真4**)。

更に当社はFPIC(Free, Prior and Informed Consent：自由意思による、事前の、十分な情報に基づく同意)に対する取組を広げつつある。例えば「三井物産の森」が位置する地域・近隣に所在するアイヌの団体に対して、当該地での伝統文化に基づいた活動や、当社の森林施業に関する意見など書面によるアンケート、及び実際に訪問し意見交換を行っている。また絶滅危惧種の動植物など貴重な生態系の研究保護を行うNPOから意見を聴取し、当社の森林施業に活かしている。こうした様々なステークホルダーとの貴重な情報交換・意見交換を今後も継続実施していく方針である。

写真4　沙流山林(北海道)
管理区分「文化的保護林」。アイヌ民族の伝承地が山林内に存在していることから、アイヌ文化の保全と振興に協力。

4.「三井物産の森」以外での取組

当社では上述の「三井物産の森」に関する取組以外の分野でも、事業活動の中で積極的に森林認証を取得し、持続可能な森林の利用と保護、生物多様性にも配慮した取組を行っている。例えばオーストラリアにおけるユーカリ植林事業ではFSC及びPEFC認証のFM認証を取得、またオーストラリア及びチリでのウッドチップ加工事業でもFSC及びPEFCのCoC認証を取得。国内においても関係会社、三井物産パッケージング（当社100％子会社）においてFSC CoC認証を取得し、認証紙のサプライチェーンを繋ぎ、責任ある森林資源管理を推進している。

5. 森林認証の普及・拡大と「森林業」の成長産業化に向けて

当社は国内民間有数の面積を保有する大規模認証林保有者として、日本の林業と周辺産業＝「森林業」の成長産業化に向け、またそのための重要な施策のひとつとして、森林認証制度の拡大に対し出来る限りの支援・協力を継続している。

当社は2015～2018年の間、日本におけるFSCの運営組織であるNPO法人、FSCジャパンへ理事を選任、FSCの認知度、認証取得者拡大に向けた各種活動に協力してきた。特に、日本の森林管理・施業の実情を考慮した国内規格策定のプロセスにおいて「経済分会」のメンバーとしてワーキンググループに参加、林業の現場での声を伝えると共に、「三井物産の森」（北海道、似湾山林）においてフィールドテストを実施、草案の実行性検証に大きく貢献した。

またSGECにおいても現在、特にFPICに関連する部分の規格改正が進められており、その草案に関する意見聴取を受けるなど協力を継続している。

(1)「木づかい」の実践

当社は日本の「森林業」がおかれた厳しい現状を打破していくためには、林業の持続可能な循環サイクルを成立させること、そのためにはまず国産材、特に認証材の需要を拡大していくこと、「木づかい」が重要と考え、自ら様々な形で実践している。前述した伊勢志摩サミットや新国立競技場への認証材の出材の他にも、自社使用として当社ビル内や研修所の一部テーブル・椅子等什器に社有林材＝認証材を活用。2020年竣工予定の新本社ビルでも各所で活用す

る予定である。

(2) 産地と消費地の連携による付加価値創出

　もうひとつの重要な動きとして、伐った木は丸太としてどこかで誰かが買い、何かに使う、というこれまでのプロダクトアウトな商流から、川上〜川中〜川下が連携したサプライチェーン構築による木材の高付加価値化がある。森林所有者はレーザーセンシング技術等を応用した「スマート林業」により森林資産と生産活動の「見える化」を図る。同時に木材需要家の実需を知ること、また流通段階でのデータの共有による「見える化」により、実需に適時に応えられるマーケットインの販売戦略を構築できる。欧米ではこのサプライチェーンが当たり前に構築されているが、日本では試験的な取組が開始されたばかりである。森林認証は、サプライチェーンを辿ってゆくと認証林が特定できる仕組みであるが、「見える化」による産地証明等の情報も更に付加すれば、認証材の価値も一層高まることが期待される。森林認証をフックに一度築かれたサプライチェーンは、通常の商取引以上に強い繋がりをもったものになると考え、当社としては認証材の付加価値を高めるサプライチェーンの構築を今後も積極的に推進していく。

注および文献

1) "IPCC Guidelines for National Greenhouse Gas Inventories" Tier 1 に基づく当社試算.
2) 三井物産webサイト：マテリアリティの見直しのこと 2019年4月26日 https://www.mitsui.com/jp/ja/release/2019/1228560_11203.html（2019年7月31日閲覧）.
3) FSCジャパンが公表している資料では，FSCはSDGsの11の目標と35項目のターゲットの達成に貢献するとしている．FSCジャパンwebサイト https://jp.fsc.org/preview.fscsdgs1135.a-455.pdf#search=%27FSC＋SDGs%27（2019年7月31日閲覧）.
4) 三井物産webサイト：森のきょうしつ https://www.mitsui.com/jp/ja/morikids/（2019年7月31日閲覧）.
5) 三井物産webサイト：三井物産「サス学」アカデミー https://www.mitsui.com/jp/ja/sustainability/contribution/education/sasugaku/index.html（2019年7月31日閲覧）.

【事例8】

南三陸町におけるFSC森林認証を活用した取組

南三陸森林管理協議会

1. FSC認証を取得した理由

　宮城県南三陸町は、基幹産業である漁業が盛んで、海の町として知られている。主に牡蠣などの養殖が盛んであり、ミズダコやマダコが有名である。そして、2011年3月11日に発生した東日本大震災による津波被害の甚大さにより、有名になった町でもある。

　海の町と知られる南三陸町ではあるが、その地理的構造はリアス式海岸の一部で、町の面積1万6,340 haの内、およそ77％が山林で殆どが山に覆われている地形である。山といっても、最高でも標高500 m級の比較的低い山々で、昔から殆どが里山として活用されていた。また、町の境界が分水嶺とほぼ一致しており海を分水嶺が囲む形で位置し、流域が完結している。そのため、海と山が近く、正に南三陸町は山里海の連環が体現できる町である。

　南三陸町の山林の多くは、古くから活用されており、昔は薪炭林や草地も多くあった。現在は、日本の平均的な山林と同様、戦後の拡大造林の影響を受けた人工林が多く、特に、杉が多い。伊達政宗公が仙台城を築城する際に、城と

写真1　復興の途上にある町内と南三陸湾を望む（2019年7月撮影）

城下町の間にあった広瀬川を渡る大橋の建築に藩内の杉の良材を探し、結果、南三陸町の杉を使ったという史実も残っている。それ以降、杉の良材が生産される地域として知られ、江戸時代後期には杉の植林の記録もある。南三陸町は林業の町という側面もある。

　南三陸町は、過去に何度も津波被害を受けてきた。リアス式海岸の町であるが故に、それは今後も続く。しかし、そんな中でも山林は、波に洗われることなく残り続けてきた。これもリアス式海岸の特徴である。例に洩れず、東日本大震災の際も、山はほぼ無傷で残った。その事実から、山林は南三陸町において未来に残る財産であることを学んだ。従って、林業が持続可能な活用が出来ることが、南三陸町の持続可能性に繋がると南三陸町の林業関係者は考えた。

　南三陸町の行政は、震災復興の過程で2014年のバイオマス産業都市認定を受け、バイオマス産業を軸にした環境にやさしく災害に強い町づくりを目指すことを示した。つまり、再生可能な地域資源を無駄なく活用し、持続可能で自立分散型の町を目指すことを示したのである。この基盤構想の一つの軸として、木質エネルギーの活用も構想の中に入っていた。この構想を本気で目指す上では、南三陸町の林業は持続可能な林業を目指す必要がある。

　一方で、南三位町の林業は震災前から南三陸杉のブランド化を進める動きがあった。ブランド化を推し進める上でもやはり持続可能な林業が必要である。

　持続可能な林業を構築するために、客観的にも正しい林業を目指す必要があり、そこで注目したのが、FSC森林認証であった。森林管理における国際基準に照らし合わせることで、自分たちの森林経営がどの様なものなのかを検証し続けることが必要であると考えた。そして、今後の南三陸町に必要な南三陸林業の基盤を作ることにした。

2. 南三陸森林管理協議会

　2015年5月、FSC認証を取得する上で、複数の森林管理者が、国際基準と照らし合わせながら南三陸林業について協議する場を創設した。それが、南三陸森林管理協議会である。当初の会員は、南三陸町行政、南三陸森林組合、慶應義塾、大長林業、(株)佐久と地元の製材所である丸平木材の6団体で構成している。

そして、2015年10月に南三陸森林管理協議会でFSC認証をグループ認証という形で取得した。*宮城県では、初めての取得である。

グループ認証という形をとったことで、協議会に加入し国際基準に照らし合わせながら山林管理を行い、一緒に審査を受けることで、FSC認証林が増えるという仕組みである。これにより、当初の認証森林面積は1,314 ha であったが、翌年、入谷生産森林組合が加入したことにより、2016年の認証森林面積は1,525 ha に増えた。

協議会を設立して取得したことで、グループ内で森林管理の具体的な議論を国際基準に照らし合わせながら行う体制ができ、情報交換も含め有意義な場になっている。

南三陸町に隣接する登米市も2017年にFSC認証を取得したが、南三陸森林管理協議会をモデルとして、登米市森林管理協議会を2016年に設立している。

3. 南三陸町役場庁舎および歌津支所建設

2015年11月に南三陸森林管理協議会は、FSC認証を取得したが、宮城県で初であるため、当時はFSC認証材の流通は皆無であった。地元の製材所である丸平木材もFSC-CoC認証を同時取得したが、製材所以降の流通はなかった。

写真2　南三陸町役場新庁舎(2017年9月撮影)

そんな中、南三陸町役場庁舎および歌津支所の再建計画の話が上がっていた。既に、設計が進んでいる段階であったが、南三陸町の顔となる公共施設にFSC認証を活用してもらいたいという想いと、大きな公共事業に活用し関わる流通・加工業社にFSC認証を広めたいという考えのもと、FSCプロジェクト

* FSCライセンス番号：FSC-C127325

全体認証にチャレンジすることにした。

　FSC プロジェクト全体認証とは、建設事業を一つのプロジェクトとして、建物全体で使われる木質由来の材料の全てを、FSC 認証材か管理木材で建設することで取得できる認証である。全ての木質由来の材料の取り扱い方法や流通もあらかじめ管理書に明記し、その通り実行して第三者機関に審査してもらうことで、トレーサビリティを確保しながら、正しく木材を流通させた証明になる認証である。本来、CoC 認証を持たない加工・流通業者もプロジェクトに参加し管理書を守ることで建設に携わることができるが、今回はプロジェクトに関わる多くの業者に FSC 認証を熟知してもらうことを目的に CoC 認証を取得してもらうことにした。

　そして、南三陸町役場庁舎および歌津支所は 2017 年 9 月に完成し、同認証を取得できた（**写真 2**）。公共建築物としては、日本で初めて FSC プロジェクト全体認証の取得であると同時に、当初、皆無であった認証材の流通の基礎を作ることができ、FSC プロジェクト全体認証取得のノウハウも地元に残すことができた。

　その他、FSC 認証材は南三陸町のさんさん商店街、宮城県知事室のデスクなど、町内外の多くの場所に使用されている。

　また、2019 年 4 月に完成した生涯学習センターも FSC プロジェクト全体認証を取得している。

4. コミュニケーションツールとしての FSC 認証

　南三陸森林管理協議会では、南三陸町の林業を周知することを目的に、積極的に山林見学会や情報発信を行なっている。林業の大切さや FSC 認証とは何か、どのように活用しているのかを知ってもう機会として、多くの企業や、一般の方に山をガイドし、講演をしている。

　FSC 認証を取得前の 2014 年頃から、「南三陸を山から動かすプロジェクト山さございん」というプロジェクトを開始し、南三陸杉や南三陸林業の情報発信を進めている。「山さございん」は、当地域の方言で「山にいらっしゃい」という意味である。このような活動から、多くの出会いや繋がりが生まれている。

　例えば、スターバックスコーヒージャパン株式会社は、FSC 認証の紙製品

を使用している。宮城県仙台地区の店舗スタッフが自分たちの店舗で使っているFSC認証製品についてさらに理解を深めたいという要望があり、南三陸町のFSC山林でスタディーツアーを開催した。そして、その後、地区マネージャーの発案で仙台フォーラス店やエスパル仙台東館店を始め、テーブルや店舗を飾る木製のアートフレームなどに南三陸町のFSC認証林の木材を使用が実現した。

このように、南三陸町の山を通して南三陸町の林業や、南三陸杉、そして南三陸町全体を知ってもらい、仲間になってもらえる企業や個人が増えている。

5. 南三陸地域イヌワシ生育環境再生プロジェクト

南三陸町の町鳥はイヌワシである。かつて南三陸町に営巣していたイヌワシは、震災後、当町でも確認されなくなった。この原因として考えられるのが、伐期を迎えた人工林が広がり、イヌワシの狩場となる開かれた空間がなくなってきたことが挙げられる。

そこで、南三陸ネイチャーセンター友の会、南三陸森林管理協議会、日本自然保護協会、林野庁東北森林管理局が中心に南三陸地域イヌワシ生育環境再生プロジェクトを結成し、林業とイヌワシの生育環境を両立させる取り組みを始めた。さらに2018年には、南三陸町行政、登米市行政もプロジェクトに参画し、まさに官民連携でイヌワシ配慮型の林業を目指している。具体的な手法としてかつてイヌワシの営巣していた、翁倉山域をイヌワシ配慮型の山林に位置づけ、皆伐・再造林を行い、それに伴って生態系モニタリングを行いイヌワシの反応を見ながら、林業を行なっていくという方法である。一種の実験でもある本プロジェクトは、FSC認証の理念にあうものである。多角的な専門家の目線を取り入れて、対象となる山林の管理計

写真3 南三陸杉のLUSHの店舗什器(2018年6月撮影)

画を共同で策定するという、FSC認証の基準で示される内容を具体化したものである。

さらに、このプロジェクトのパートナー企業として、株式会社ラッシュジャパン(以下、LUSH)がある。イギリスの化粧品ブランドで、グリーンコンシューマー的意識を強く持ち、持続可能調達(リジェネレイティブバイイング)を軸にしている素晴らしい企業である。LUSHには、持続可能調達の一環として南三陸杉のFSC材で作られた店舗什器を採用していただき、全店舗に展開も検討していただいている(**写真3**)。これは、FSC認証の理念と消費が繋がった、南三陸町にとってもありがたい事例だと考えている。

6. 南三陸町まるごとブランド化に向けて

南三陸町は震災から8年が経ち復興が進む中、地域振興として町全体のブランド化を図っている。林業ではFSC認証を取得しているが、牡蠣の養殖においてもASC(水産養殖管理協議会)認証を2016年3月に取得している。同じ自治体に、FSC認証とASC認証が存在するのは世界を見ても珍しいケースである。また、2018年10月には国際的に重要な湿地を守るラムサール条約に登録されている。

南三陸町は、震災前から山里海とともに生きる町であると認識し、震災後、それを表現するようにFSC、ASC、ラムサール条約を取得して来た。それぞれの民間と行政が個々で動いた結果、同じ方向に動いており、これは紛れもない価値であると考えている。

自然と生活と生業が共存し、持続可能な町を目指す。そしてそこから出される産品は、本当の意味で選ばれるべきものとして自信を持って提供できる。それが南三陸町のブランドになっていくと考えている。南三陸町の林業はFSC認証の取得を増やし、今後なくてはならない産業になっていきたいと思う。また、これまでのように後世に繋いでいくことで、持続性も確保したい。

文　献
1) 日本自然保護協会webサイト https://www.nacsj.or.jp/media/2018/06/10927/ (2019年7月閲覧).

(佐藤太一)

【事例9】

チーム福島・認証材の取組

物林株式会社

1. チーム福島・認証材について

　「チーム福島・認証材」は、素材供給者として福島県内にSGEC認証を取得した山林を所有・経営・管理する磐城造林株式会社、日本製紙株式会社、NPO法人みなみあいづ森林ネットワーク及び三井物産株式会社に加え、SGEC-CoC認証を取得した木材専門商社の物林株式会社の5事業体で構成されている。

　事務局を物林株式会社に置き、福島県内外の大型建築プロジェクトへのSGEC及び福島県産認証材の供給を主眼として、生産・加工・流通の体制を整備している。

2. 発足の背景・経緯

　「チーム福島・認証材」は東日本大震災により被災した福島県の復興を、"林業・木材産業の拡大で復興を前進"させることを目的とし、福島県や福島県木材協同組合の後押しを受けながら、2016年3月、上記5事業体の有志により発足したものである。

　ここに至る最たる要因は、東京電力福島第一原子力発電所の事故による放射性物質の拡散問題であった。農業・漁業と同じく県内林業・木材産業についても、放射性物質の影響への懸念から生じる風評被害を払しょくすることが急務とされていた。

　こうした中、政府による各種支援が講じられてきたが、実際に福島県産材を扱う立場にある林業・木材産業に関係する民間事業者が主体となり、マーケットに対してより分かりやすく説明していく必要性が高まりつつあった。

　他方で、福島県の地域経済復興に向け、具体的な県産材の活用促進施策を推進していくことは不可欠であり、特に、持続可能性に配慮しトレーサビリティーが確保された県産材については、森林認証材として都市圏の公共施設をはじめとした大型建築物に積極的に使用することが効果的であると考えられた。[1]

事例9　チーム福島・認証材の取組

写真1　製材加工状況(於:関根木材工業株式会社)(2017年10月撮影)

　以上のことを踏まえ、産業的なアプローチを通して福島復興の牽引役となるべく、素材生産から加工・流通までの事業者が連携して生まれたのが、「チーム福島・認証材」である。

3. チーム福島・認証材の機能・特徴
　「チーム福島・認証材」では、構成5事業体によるCoC認証への確実かつ迅速な対応はもちろん、地域の製材工場等の木材加工施設との連携により、納品までの一貫した製品・品質管理を可能としている。木材製品の供給過程は次のとおり。
　① 構成事業体管理の山林から伐出・原木仕分け
　② 連携加工施設へ搬入(CoC認証工場での委託加工)
　③ 製品出荷、施主へ納品
　特に、③段階においては、福島県木材協同組合連合会が制定した放射能安全性の自主基準(※)に基づき検査を実施している。
　また、事務局を担う物林株式会社においては、上記過程の全体管理に加えて、

認証材製品の受注に向けた県内外での施主・設計関係者に対するPRや、材料スペックインに向けた設計段階からの支援を実施しており、営業面を含めてチーム全体として積極的な供給を図っている（**写真1**）。

※各工場が出荷する製材品の表面線量について、法律（放射線障害防止法）基準値と同様の1000cpmを下回っていることを確認する。測定は、毎日あるいは出荷状況に応じて実施することとし、1回検査に10本（枚）の製材品を抽出、GM管式サーベイメーターにより表面線量を表面計測する。[2]

4. 認証材供給事例

「チーム福島・認証材」による認証材供給事例として、2017年10月、東京都区内の市民利用施設の構造材原料として、いわき市及び南会津町で生産されたスギ乾燥ラミナを供給した。

本案件においては、発注から納品まで約2か月というタイトなスケジュールの中、地元でSGEC-CoC認証を取得している南会津森林認証推進協議会の製材工場等と連携しこれを実現させた。

5. 今後の方向性～復興から地方創生と林業成長産業化に向けて～

東日本大震災の発生以降、林道等の林業生産インフラはじめ木材加工施設の復旧や復興住宅等への木材活用等、川上から川下まで復興に向けた集中的な取組が進められてきた。こうした段階を経て、林業・木材産業分野を含む復興はより本格的なステージに移行していくこととされており、今後は被災地の自立につながり、地方創生のモデルとなるような「新しい東北」の姿を創造していくことが求められている。[3]

このような流れの中、2017年4月には「チーム福島・認証材」の主要地域である南会津町が、林野庁より「林業の成長産業化を図ることにより、地元に利益を還元し、地域の活性化に結び付ける取組を推進する"林業成長産業化地域"」に選定され、林業・木材産業を主力とする地域として発展的な活動を行っていくこととなった。

一連の取組において特に、SGEC認証を用いた南会津町産木材製品のブラン

事例9 チーム福島・認証材の取組

写真2 森林認証の普及促進に向けた情報交換(於:南会津町)(2017年9月撮影)

ド化や、都市圏におけるSGEC認証材の供給拡大の取組については、製品イメージの向上や高付加価化に寄与することが期待されている(**写真2**)。同時に立木価格改善への貢献も期待されるため、成長産業化を実現する上で必要不可欠な、"森林資源の循環利用"を確立する上で最も重要な要素の一つとなっている。

「チーム福島・認証材」においても、復興に向けた取組の中で構築してきたSGEC認証材の供給ルートや流通ノウハウを基盤としつつ、南会津森林認証協議会をはじめとした地域関係者とともに、同地域を成長産業化地域としてのトップランナーとするべく、取り組んでいく考えである。

文 献
1) 公益財団法人PHOENIX(2016):木と合板(34).
2) 福島県木材協同組合連合会 webサイト http://www.fmokuren.jp/ (2018年11月閲覧).
3) 復興庁(2016):「「復興・創生期間」における東日本大震災からの復興の基本方針」.

【事例 10】

浜松市における FSC 森林認証への取組

天竜林材業振興協議会

1. 浜松市における FSC 森林認証の取得、推進

浜松市の森林面積は、約 10 万 3,000 ha で市域面積の 66％を占めており、そのうち民有林は 8 万 1,000 ha(79％)、国有林は 2 万 1,000 ha(21％)である。

市北部、天竜川上流域の森林は「天竜美林」と呼ばれ、奈良県の吉野地域、三重県の尾鷲地域とともに「日本三大人工美林」と称され、その美しさとともに、良質な木材の産地として全国に名を馳せている。

このような全国有数の林業地である本市では、現在、FSC 森林認証を核とした政策を進めており、FSC 森林認証に基づく持続可能かつ適切な森林経営と、FSC 認証材である天竜材を活用した新事業の創出や天竜材の流通量及び販路の拡大を目指している。

FSC 森林認証取得の契機となったは、森林・林業関係の最上位計画である「浜松市森林・林業ビジョン」の策定である。本市は、2005(平成 17)年 7 月に 12 市町村が合併した。面積が広く、人工林が多い本市の森林をどのように経営・管理するかが大きな課題であったことから、2007(平成 19)年 3 月、「浜松市森林・林業ビジョン」を策定し、「価値ある森林の共創」という理念を掲げた。その施策方針のひとつとして「森林認証」を掲げたことが、本市における FSC のスタートである。

2009(平成 21)年度、本格的に取得に向けた取組を進め、2010(平成 22)年 3 月、市・県・国をはじめ、市内 6 森林組合等が組織するグループ「天竜林材業振興協議会」が FM 認証(グループ認証)を取得した。森林組合が連携して取得したのは、全国初の事例であり、2019(令和元)年 7 月末現在、取得面積は約 4 万 5,270ha に拡大し、市町村別取得面積は全国 1 位を誇っている。

また、市内の CoC 取得者数(木材関係)は、70 事業体を超え、素材生産業者をはじめ、製材・加工業者、建築業者等が取得しており、全国で最も FSC のサプ

＊FSC ライセンス番号：FSC-C057369

ライチェーンが繋がっている地域のひとつに成長した。

現在、このFSCを核とした選択と集中のある森林・林業施策を推進しており、森林整備(植林、間伐、枝打等の作業)への助成事業では、FSC認証林内の作業にインセンティブを設けるなど、更なるFSC森林認証面積の拡大やFSC認証材の生産量増加を目指している。

2. 浜松市におけるFSC認証材の活用

全国有数のFSCの先進地である本市では、現在、様々な施設で天竜材(FSC認証材)を活用している。

とりわけ、公共建築物等においては、「浜松市公共部門における地域材利用促進に関する基本方針」を定め、地元材である天竜材の使用はもちろん、全国で初めて木材利用方針にFSC認証材の使用をルール化するとともに、積極的にFSCプロジェクト認証を取得することや備品(机、椅子等)、消耗品(封筒、名刺等)についても、積極的にFSC認証製品を活用することに努めている。

ここでは、市内のFSC認証材使用物件を紹介する。

(1) 天竜区役所(2011(平成23)年3月完成)【FSC認証材使用量／7m^3】

区役所の区長室腰壁、家具、受水槽において、FSC部分プロジェクト認証を取得し、全国で初めて、公共建築物の一部にFSC認証材を使用した建物である。

(2) 浜松中部学園(2017(平成29)年4月開校)【FSC認証材使用量／51m^3】

写真1　天竜区役所内装(2011年3月撮影)

小中一貫校として開校した浜松中部学園において、FSC部分プロジェクト認証を取得。学校施設として全国で初めてFSC認証材を使用するとともに、プロジェクト認証対象部分以外にも天竜材を使用したFSC認証製品の木製机・椅

写真2　浜松中部学園内装(2017年4月撮影)　　写真3　浜松中部学園教室(2017年4月撮影)
　　（FSC認証材が使用された間仕切り）　　　　　（FSC認証製品の学童机・椅子）

子を導入。

(3) 浜松市立浜名中学校(2018(平成30)年3月完成)【FSC認証材使用量／215 m³】

　FSC部分プロジェクト認証を取得し、学校施設として全国最大のFSC認証材使用量(約215 m³)を誇る施設。全普通教室と音楽室に天竜材を使用したFSC認証製品の木製机・椅子を導入。

写真4　浜松市立浜名中学校(2018年3月撮影)　　写真5　浜松市立浜名中学校(2018年3月撮影)
　　（FSC認証材が使用された廊下腰壁）　　　　　（FSC認証材が使用された体育館腰壁）

3. 浜松市におけるFSC認証材の販路拡大戦略

　本市では、広大なFSC森林認証林や全国屈指のFSC認証材供給能力をもとに、現在、「地産地消」、「地産外商」という2つのテーマで天竜材(FSC認証材)の販路拡大を進めている。

　ここでは、現在、本市が取り組んでいる天竜材(FSC認証材)の販路拡大施策を紹介する。

(1) 地産地消1：天竜材の家百年住居（すまい）る事業

2007（平成19）年度から実施している住宅助成事業。天竜材を主要構造材に一定量以上使用した場合に助成（上限25万円）。2011（平成23）年度からは、FSC認証材を使用した際に追加助成を実施しており、追加助成実施からの8年間で827棟（約6,200m³）の住宅にFSC認証材が使用された。

(2) 地産地消2：天竜材ぬくもり空間創出事業

2018（平成30）年度に新設した事業。全国的に木材利用の機運が高まる中、天竜材の新たな利用価値の創出や地産地消による天竜材の流通量拡大を目的に、天竜材（FSC認証材）を非住宅建築物の仕上材（内装材や外装材等）に20m²以上使用する施主に対して支援しており、市内のコンビニエンスストアや事務所等が本制度を活用し、木質化を実施した。

(3) 地産地消3：「浜松ウッドコレクション」の開催

機能性やデザイン性等に優れた天竜材を使用した建築物（住宅、非住宅）や木製品、家具等を収集・表彰し、市内外に広く発信することを通じて、天竜材の利用拡大やブランド力の強化に繋げるための事業。

【2017（平成29）年度応募件数／住宅部門：25件、一般建築部門：16件】

写真6　2018一般建築部門最優秀賞「BELL TREE（べるつりー）」（2018年4月撮影）

【2018（平成30）年度応募件数／住宅部門：12件、一般建築部門：10件、木製家具部門：11件、木製品部門：13件】

(4) 地産地消4：浜松地域FSC・CLT利活用推進協議会

天竜材（FSC認証材）の地産地消の推進を目的に、2016（平成28）年6月に設立した協議会。会には、木材の供給サイド（木材生産者、製材・加工事業者）と利用サイド（建設・設計事業者）、更には、木造・木質物件の発注者でもある行政や、建築物の資金需要を支援する金融機関等、地域内外の業界を超えた116社・団体が参画している（2019（令和元）年7月末現在）。

会では、セミナーやワークショップ、現地見学会等を実施しており、会への参加がきっかけで自社物件に天竜材を使用した実績等が報告されている。

(5) 地産外商1：首都圏木材関係展示会への出展

2014（平成26）年度から、天竜材の販路拡大やFSC森林認証のPRを目的に日本最大の住宅・建築関連専門展示会である「Japan Home & Building Show」に浜松市ブースを出展。天竜材の認知度向上や新たな交流の創出だけでなく、大手建設・設計関係者等との継続的・定期的な意見交換の機会となっている。

写真7　Japan Home & Building Showでの浜松市ブース（2017年11月撮影）

(6) 地産外商2：「天竜材セールスミーティング」の開催

天竜材の販路拡大を目的とし、毎回テーマを決めて各関係者を招待するとともに、地元林材業関係者とのマッチングを行うミーティングを開催。

2015（平成27）年度は、東京2020オリンピック・パラリンピック競技大会関連施設への天竜材使用を目的に大手建設・設計業者等を招き、2017（平成29）年度は、家具関係への天竜材使用を目的に大手家具メーカーを招いて開催。

2018（平成30）年度は、本市でFSCジャパン主催イベント「FSCフォレストウィーク」が開催され、この参加企業で環境意識が高くFSC認証紙を使用している大企業を招き、実際のFSC認証林やCoC認証工場を見学する「天竜材のふるさと見学ツアー」を開催し、FSC認証紙だけでなくFSC認証材を調達する機運を創出した。

(7) 地産外商3：天竜材製品開発支援事業

天竜材の販路拡大・新分野展開、天竜ブランドの確立等を目的に、2017(平成29)年度から大手家具事業者と連携した製品開発事業を開始。

2017(平成29)年度は、(株)イトーキとの連携による健康チェアを製作し、今後、イトーキの販売網を通じて全国販売する予定。2018(平成30)年度は、3社((株)イトーキ、(株)オカムラ、ナイス(株))と連携した事業を実施。

(8) 地産外商4：東京2020オリンピック・パラリンピック競技大会関係施設等への天竜材供給

本市では、東京オリンピック・パラリンピック競技大会組織委員会が実施する「日本の木材活用リレー」に参画し、選手村ビレッジプラザの建設に際して、天竜材(FSC認証材)を約35m³供給することが決定している。

また、有明体操競技場(外装材)への天竜材(FSC認証材)使用も決定している。外装材は約800m³使用される予定であり、天竜材がトップシェアを占める(約426m³使用)。

このように天竜材が五輪関連施設で使用されることにより、天竜材の認知度向上やブランド力の向上といった効果が期待できる。

4. 今後の展望

本市が、今後、天竜材(FSC認証材)の販路拡大を更に進めるうえで大きなポイントとなるのが、2019(平成31)年度から市町村に譲与される森林環境譲与税である。

本市だけでなく、全国の市町村に交付される森林環境譲与税は、全国の森林の整備を進めるだけでなく、森林を有していない、また、森林面積の少ない大都市にも交付されるため、都市部での木材利用が進むと思われる。

このため、本市では、この森林環境譲与税を効果的に活用し、これまで進めてきた地産外商に「大企業・大都市連携」という新たな視点を加えて、天竜材(FSC認証材)の販路拡大を更に推進していきたい。

そして、FSC森林認証を効果的に活用しながら、天竜の山を『宝の山』にしていきたい。

(浜松市産業部林業振興課　藤江俊允)

【事例11】

富士地区林業振興対策協議会による静岡県富士山世界遺産センター「木格子」プロジェクト認証

静岡県富士農林事務所

写真1　静岡県富士山世界遺産センター全景(2018年5月撮影)

1. 地域の状況等

(1) 富士地区の概要

　富士地区(富士市、富士宮市)は富士山南西麓に位置し、森林面積は3万7,572ha。うち民有林は2万8,575ha(76%)、国有林は8,997ha(24%)である。

　民有林の人工林率は78%であり、その大部分は戦後植栽され、資源として利用可能な時を迎えている。そのうちヒノキの占める割合は75%と高く、「富士ひのき」としての活用に取り組んでいる。

(2) 富士地区林業振興対策協議会(以下、林対協)とは

　富士地区の森林・林業の振興と木材の需要拡大を図ることを目的に、1983(昭和58)年に設立した。地区内の行政及び森林・林業・木材産業関係団体で組

事例11　静岡県富士山世界遺産センター「木格子」プロジェクト認証　　173

表1　林対協会員

役　員	会長：富士市長　副会長：富士宮市長	
会　員	林業	富士市森林組合、富士森林組合、静岡県森林組合連合会富士事業所
	木材	富士宮木材協同組合
	建築	（一社）富士建築士会
	行政	富士市、富士宮市、静岡森林管理署、静岡県富士農林事務所
事務局	富士市森林組合	

織する団体である（**表1**）。
(3)「FUJI HINOKI MADE」
　林対協は2013（平成25）年、富士ひのきを首都圏に売り出すための製品ブランド「FUJI HINOKI MADE（以下、FHM）」を立ち上げた。

図1　FUJI HINOKI MADE商標

(4) 静岡県富士山世界遺産センターについて
　静岡県は、2013（平成25）年に富士山が世界遺産に登録されたことにより、富

写真2　展示棟内部（プロジェクト認証最終審査時）（2017年7月撮影）「木格子」全ピースは約8,000

士山の情報発信や、学術研究の拠点となる静岡県富士山世界遺産センター(以下、遺産センター)を整備した。

(5)「FHM」を使用した「木格子」

"逆さ富士"を模した遺産センター展示棟の外壁には「FHM」を使用した「木格子(もくごうし)」が組み上げられており、来館者は展示棟内部に設置された、らせん状のスロープを、壁面に映された富士山の登山道の映像を眺めながら上ることで富士登山を疑似体験できるようになっている。

写真3 「木格子」3次元加工されたピース(120角)
(2016年7月撮影)

木格子は、建物外側と内側で製作工程が異なっていて、外側は14cm角の角材から3次元(曲線・ひねり)加工により12cmに削り出した部材で組まれていて、耐久性を高めるため、超耐候性木材撥水材が塗布されている。

写真4 「木格子」モックアップ(実物大模型)の組み立て
(2016年7月撮影)

内側は9cm角の角材の4面に、不燃加工を施した板材(3cm厚)を貼った角材から12cmに削り出している。

納材数量は、原木で径級13〜28cmの3m材2,138本、4m材2,247本、材積合計667m³で、製材後は224m³、最終削り出し後は73.9m³となった。

2. プロジェクト認証の取得と遺産センターへの納材

(1) プロジェクト認証への取組

「木格子」は、当初仕様では別の材であったが、林対協の働きかけが功を奏し、ヒノキに変更していただくことができた。

また、林対協では、

①富士地区は県内有数のSGEC-FM林を有していること

②加工・流通事業者がSGEC-CoC認証を未取得でも、特定のプロジェクト（製品、建物等）毎に認証取得する手法があること

③日本初のSGEC/PEFC-CoCプロジェクト認証取得となれば、「FHM」の話題性を高め、需要拡大に寄与すること

以上のことから、「木格子」の「プロジェクト認証」の取得に取り組むことにした（プロジェクト名：富士山世界遺産センター展示棟木格子プロジェクト）。

(2) 役割分担

建設業者への「木格子」部材の納品が極めてタイトなスケジュールであったため、林対協は2016（平成28）年6月、原木をスムーズに供給できるよう、納材ルートや集荷状況の報告等について役割分担を取り決めた（**表2**）。

表2 役割分担

担　当	内　容
影山木材㈱	全体管理、製品加工・出荷調整（→富士ひのき加工協同組合、㈱ランバーリング・カツマタ、㈱シェルター他） SGEC/PEFC CoCプロジェクト認証プロジェクトマネージャー
静岡県森林組合連合会富士事業所	原木生産者調整（原木集荷状況集計、原木集荷調整）
富士市森林組合　※林対協事務局	審査機関（JIA）調整他事務処理
富士市・富士宮市　他	原木供給 （生産者→富士市森林組合・富士森林組合）
静岡県富士農林事務所 ※林対協サポート	静岡県森林組合連合会富士事務所・原木生産者調整（出材指示等） JIA調整（認証申請書作成、審査費用協議等）

以降、役割分担に応じ活動した結果、2016（平成28）年12月にSGEC認証材による「木格子」用の「FHM」製材品を最終加工者へ全量引き渡すことができた。

(3) プロジェクト認証関係者の連携

プロジェクト認証の取得は、遺産センター工事着工後に動き出した話であり、地元関係者のプロジェクト認証に関する知識が不足していたことから、急きょ

勉強会を実施した。

また、県産材証明制度の流れの確認や、プロジェクトの趣旨や取組方法について遺漏が無いよう、研修会を実施した(表3)。

表3 プロジェクトメンバーの勉強会・研修会

区　分	時　期　等	概　　要
森林認証材の利用に向けた勉強会	2016.7.5 (県庁)	・プロジェクト認証の概略説明 ・SGEC認証材の施設利用に関する質疑応答(PJマネージャーの選任)等
プロジェクト認証に係る研修会	2017.2.2 (富士総合庁舎)	・SGEC-CoC認証ガイドラインに基づく、関連要員に対するプロジェクト認証の責任範囲の確認

(4) プロジェクト認証の取得

2017(平成29)年7月18日認証機関である(一財)日本ガス機器検査協会(以下、JIA)で認証判定会議が開催され、同日付けで遺産センターの「木格子」は、SGEC/PEFC CoC プロジェクト認証を取得した。

また、SGEC/PEFCとして日本初のプロジェクト認証であったため、2017(平成29)年7月27日には認証機関であるJIA鈴木理事長から小長井林対協会長に認証書が授与された(写真5)。

写真5　認証書授与式の状況(2017年7月撮影)

3. 森林認証の拡大
(1) 認証管理団体の設立とグループ認証の取得

富士地区は、これまで、企業等が単独で所有林の森林認証を取得していたが、認証材の供給力をより高めるため、FM認証グループの設立を林対協が進め、2018(平成30年)7月に認証管理団体「富士山森林認証グループ」を設立、同年10月にSGEC-FM認証を取得した。

また、遺産センターのプロジェクト認証取得を契機に、地域の木材協同組合内で「地域材製品の商品価値を高める」目的で林産物認証の取得の機運が高まり、2018（平成30）年8月に認証管理団体「SGEC-CoC富士山」を設立、同月にSGEC-CoC認証を取得した。

(2) 住宅助成の認証材加算

遺産センターのある富士宮市では、地元のヒノキ材の利用促進と地域経済の活性化を図るため、住宅新築時に地元のヒノキ材を使用する市民に対し、市内の店舗等で使用できる"宮クーポン"25〜35万円分を交付する事業を行っている。

木材総使用量の20％以上を地元のヒノキ材とするのが条件であるが、2018（平成30）年度からは、地元のヒノキ材をSGEC森林認証材とした場合、5万円分加算することにした。

「SGEC-CoC富士山」に所属する工務店は、「森林認証について知っているお客さんはめったにいないが、"遺産センターの「木格子」と同じ"材料だと言うとすぐに理解していただけるので、営業ツールとしては有効」と言っている。

4. 最後に

2017（平成29）年12月23日に開館した遺産センターは、年間来館者数目標である30万人をわずか6ヶ月で達成することができた。

また、日本で初めて国際基準の「SGEC/PEFC-CoCプロジェクト認証」に基づき原木生産から加工、建設まで実施したこと等が評価され、ウッドデザイン賞2018において「木のおもてなし賞」を受賞している。

2017（平成29）年8月には、遺産センターへの納材の実績を活かして「FHM」の販売網を広げることを目的に、「FHM」認定工場3社（富士ひのき加工協同組合、㈱ランバーリング・カツマタ、影山木材㈱）を中心に「フジヒノキメイド有限責任事業組合（以下、LLP）」を設立した。

林対協では、LLPの積極的な県内外でのPR、公共建築物・一般住宅へのFHMの納材等活動を支援し、FHM、森林認証材の販路拡大に取り組んでいくことにしている。

【事例12】

佐藤木材工業と森林認証

佐藤木材工業株式会社

1. 森林認証取得の経緯

2003年初秋の風が吹く頃、かねてから旧知の間柄であった「真下正樹様」が来社されました。

真下様は、元住友林業株式会社紋別山林事業所長、本社常務取締役山林部長などを歴任、訪問当時は、(一社)日本経済団体連合会自然保護協議会顧問・日本林業経営者協会副会長の要職にあり、2003年6月に発足した日本版「緑の循環」森林認証制度の設立に関わったお一人です。

訪問の目的は、森林認証の取得の要請でありました。

当社も、日本版「森林認証」制度が発足したことは承知しておりましたが、詳細な内容まではわかりませんでした。真下様の解説を伺って、これは森林管理レベルの向上を図り、豊かな自然環境と持続可能な木材生産を両立させるなど、適切な管理が行われている森林であることを評価・認証する制度であると理解いたしました。

また、認証を受けた森林から生産された木材に認証マークを添付することでトレーサビリティーを確保するという制度は、木材を生産・加工・販売に携わる我々には避けて通れない道であることは、当社の「割り箸」の販売を通して感じていたところであります。

当社も、この制度に共感し、2004年9月、社有林の森林認証と本社製材工場及びやまさ協同組合の集成材工場が分別・表示事業体認定(CoC)を一括取得いたしました。

2. 森林認証で地域おこし

当社が「森林認証」を取得した背景には、「地域・流域の活性化」という目標があり、当社が取得することにより市内に社有林を持つ大手企業や自治体、その他の民有林、更には近隣の町村有林、ひいては国・道有林と順次取得を拡大

し、生産される木材は地域の信頼のあるブランド材として地域・流域全体で消費者にアピールしていくことが活性化につながるものと思慮し、その起爆剤になればとの思いもこの「森林認証」に込めたものです。

われわれ林業を生業とするものにとっての課題は、製品の8割は建築材であり、住宅建築数の減少が需要に大きく影響し、安い外材に押されて素材価格も下落するという状況にあります。地域の林業に対する危機意識が高まる中での森林認証制度の創設を、なんとか地域業界の活性化に繋げなければならないと考えました。

地域業界の活性化を実現するためには、一人わが社が動けば実現するというものではなく、地域の業界・自治体などを含めた活動でなければならず、以下に、わが社を含めた「地域の取り組み」についてご紹介いたします。

2004年、関係方面に働きかけを行い、市内の業界及び自治体も参加する「紋別市林業・林産業に関する懇談会」を設立し、木材のブランド化により、地域材に付加価値をつけるためにはどうすれば良いのか何度も勉強会・講習会などを開催する一方（写真1）、管内市町村有林、国有林、道有林、企業有林での

写真1　森から海の連環を考えるシンポジウム
（2008年約650名参加、主催：紋別市）

「森林認証」取得の要請活動を行いました。

そうした活動の結果、2006年には紋別市有林、森林組合（民有林の一部）が森林認証を取得、2007年には滝上町が取得したのに加え、西紋流域の国有林・道有林も取得、その後も順次取得の状況がつづき、ついには32万8,000ha余り、全森林面積の86％の取得となりました（図1）。

このことは網走東部流域にも拡大、2012年には道有林と津別町有林が取得、2013年には国有林が取得、その後も市有林の取得が続き2018年には30万7,000ha余りとなり、網走東部流域森林面積の79.5％となりました。

このことで、網走管内の森林認証面積は63万2,500ha、認証率82.5％（国有

第5章 森林認証の取組事例

```
2006（平成 18）年
  「緑の循環森林認証で地域おこし協議会」設置
    構成／紋別市内各界各層〜23団体
  「網走西部流域森林・林業活性化協議会」で取組決定
    構成／紋別市、雄武町、興部町、滝上町、西興部村、
        遠軽町、（旧）上湧別町、湧別町
  「紋別市有林」、「住友林業」、       ┐
                              ├ で森林認証取得
  「オホーツク中央森林組合所有林」 ┘

2007（平成 19）年
  「国有林」、「道有林」、「滝上町有林」で森林認証取得
```

日本で最大の認証エリア誕生！
認証面積 293,757ha（認証率 77％）＊
＊2007 年当時

しかし、木材需要が高まってきた"カラマツ"は、一般所有者である私有林に多くあり、認証材の安定供給に課題がありました。そこで、森林組合が一般所有者と「長期施業委託契約」を結び、一般民有林も　森林認証がされる体制が整えられました。

```
2009（平成 21）年〜
  「オホーツクフォレストネットワーク」（協議会）による森林認証取得
    構成／オホーツク中央森林組合、雄武町森林組合、興部町、西興部村、
        雄武町、遠軽町（2018（平成 30）年から）
  ※森林組合が事務局となり、個人、会社、団体と長期施業委託契約を結び、事務局から認証
    会議へ一括申請を行う。
  ※私有林の取得費用は、市町村と森林組合が負担し、個人所有者の負担を無くした。

「滝上町森林組合ｸﾞﾙｰﾌﾟ」（協議会）による森林認証取得
    構成／滝上町森林組合、林業・木材業者
```

図1　広域での取組の拡大、さらに一般民有林での森林認証取得へ

林の知床半島は世界遺産の関係で除外）となりオホーツク管内は森林認証「日本一」の地域となりました。

3. 地域材の活用

　木材価格の低迷が長期化するなか、森林所有者の経営意識の低下、後継者不足等将来にわたって持続的な森林経営が危惧され、認証材と非認証材の差別化

を図り生産材のブランド化による所得の向上を図っていかなければならない状況でした。

2009 年、国では木材支給率を 50％に向上させ、我が国の社会構造を「コンクリート社会から木の社会」に転換させるため「森林・林業再生プラン」を作成、2010 年には「公共建築物等における木材の利用の促進に関する法律」が施工、こうした背景を受け、北海道では 2011 年「北海道地域材利用促進方針」を策定し、地域材利用の一層の促進を図ることとしました。

こうした実情に鑑み、当地域は森林認証の取得も進んでおり、地域材のブランドを高めて地域経済の活性化を図るため、2012 年、地域材の利用促進、公共施設の木造化、森林認証・CoC 認証取得の促進を盛り込んだ「西紋管内における地域材の利用を促進する協定」をオホーツク総合振興局、網走西部森林管理署西紋別支署、西紋管内 5 市町村、森林組合、木材協同組合の間で締結、地域材利用への道筋をつけました。

首都圏では、毎年開催される「ジャパンホーム・ショー」の「ふるさと建材・家具見本市」に認証材製品を展示、PR に努めると共に、同行した地元木製品加工工場関係者と都内商社・工務店・大手企業などを訪問、製品の販路拡大に努め、その他商談で首都圏及び札樽圏の関係会社訪問の際は必ず「認証製品」の PR に努めて参りました。

こうした活動を行う一方、地元でも公共建築物・一般住宅の建設促進を機会あるごとに要請しました。

こうした中、当地方最大の建築物はオホーツクはまなす農協が事業主体の「乳牛保育預託施設」建設であり、2007 年～ 2012 年にかけて棟数 16 棟、延べ面積 1 万 2,356 m²、紋別産の認証カラマツを使用、CoC 認証認定事業体が施工とまさに認証一色の建築物であります。

また、公共建築物では、紋別市の公営住宅、診療所、医師滞在住宅、保育所・児童館、花のサロン等があり、一般住宅では、2010 年紋別市が「認証材活用住宅助成制度」を創設、これにより建築が進んでおり、同様の制度は近隣の町村にも波及し良好な結果を期しております。

また民間企業では、住友林業㈱が認証材使用の「住友林業の家」として地元産カラマツ及び広葉樹を使用した住宅の販売を札樽圏及び東北方面に展開して

写真2 「新国立競技場整備事業」初出荷時（2018年1月撮影）

おります。

　同住友林業㈱では、2016年完成・稼働の紋別市に建設した木質バイオマス火力発電所に使用する木質燃料の購入には、森林認証材は一定のプレミアを付けて購入、山への資金還元となっております。

　一方、多数の競技者・観客が集う2020年オリンピック・パラリンピック東京大会組織委員会は、関連施設で使用される木材の調達基準を設定し、「森林認証材」が使用されることとなりました。

　このことから、当社にも「新国立競技場整備事業」に使用するカラマツ集成材の「認証材」の発注があり、すでに納材を済ませております（**写真2**）。

4. 今後の森林認証への期待

　我が国の森林認証は、まだ認証取得面積も少なく、今後更に拡大していくことが重要であります。

　幸い、「2020年オリンピック・パラリンピック東京大会」の関連施設に、木材調達基準が設定され、国内の森林認証材の利用が盛り込まれるなどの森林認証の普及に期待される動きがあり、全国的に森林認証に取り組む地域が増えてくるものと思慮します。

　このことは、非常に意義のあることであり、巷間、誘致が噂されている「札幌冬季オリンピック」にもつながっていくものであり、期待されるところ

であります。

　また、「新国立競技場整備事業」の他にもカラマツ認証材が使われる施設もあります。このことから、今後非住宅建築物の市場においても、使用されることが期待されます。

　しかし、住宅などの建築用材、公共事業での優先利用などの地産地消や、都市部を中心とした認証材市場開拓といった課題はまだまだ多く、「ここからが本番」との位置づけが肝要かと考えます。

　また、我が国の森林の実態は、伐採適齢の森林が多くなり、住宅建設の増加も期待できない現状からは、輸出・移出に目を向けることも重要なことと考えます。

　最近の統計を見れば、輸出・移出は2010年頃より増加し、2015年には2010年の10倍以上となっています（認証材か非認証材かは不明）。

　幸い、「SGEC」と「PEFC」との相互承認が認められたことは、認証材・木製品が国際認証製品としての地位を確保したことであり、輸出にも弾みがついて良い影響下での対応が期待されます。

　さて、ながながと申し述べましたが、当社が感じた「地域における森林認証取得」のすすめは、役所が主導してやるのではなく、林業・林産業界が先導して動くことが重要であり、その上で地域の自治体や一般住民の参加を呼び込んでいくことが大切なことを実感しております。

　誰かに頼るのではなく、自分が率先して動く、地域が動く、そして少しずつ、着実な行動から多くの信頼を得ることが一番大切なことであることを感じたところです。

　最後に、この度、当オホーツク圏が大きな森林認証流域になったことは、国有林では「北海道森林管理局長・部長他」、道有林では「北海道庁の関係部長課長他」、地元では「オホーツク総合振興局長他関係職員」、「管内森林管理署」「東・西部森林室」、「管内自治体の首長他関係職員」、「森林組合」及び「東京農業大学黒滝教授」など多くの皆様方のご支援、ご協力の賜物であると心より感謝と御礼を申し上げるものでございます。

（代表取締役社長　佐藤教誘）

【事例13】

地産地消の天然乾燥木材のすまいづくり

多良木プレカット協同組合(新産グループ)

1. 地域社会に貢献

(1) 新産グループ多良木プレカット協同組合の成り立ち

新産グループは熊本・福岡を中心として、年間約250棟の木造住宅を手掛ける地域工務店である。1964(昭和39)年に故・小山幸治(以下、小山)が創業した。小山は、もともとは熊本県の警察官という経歴を持つ。警察の仕事を天職だと思っていたときに、転機は突然訪れた。熊本でも有数の洋装店を経営していた叔母から「店を手伝ってほしい」と請われた。叔母の力になりたいとは思うが、地域社会の役に立つ警察の仕事をやり続けたいと考えていた。そんなとき、背中を押してくれたのは県警のある先輩の言葉だった。「地域社会に貢献することは、県警でも民間でも本質的に同じこと。民間で地域の役に立てるようにがんばれ」。この言葉に、小山は民間で力を尽くしていこうと決めた。小山にとっては、警察も住まいづくりも根は同じ「地域社会貢献」だった。

熊本は、宮崎、大分と並ぶ九州の三大林業県であり、特に人吉・球磨地域は良質な木材に恵まれている。この環境を生かして、故郷の木材を使用し、安らぎのある住まいを提供していく。これは、お客様に喜んでいただけるだけでなく、地域振興にもつながり、まさに地域社会への貢献ということに合致するとの想いで住まいづくりに取り組んできた。

(2) 新産グループの概要

新産グループは、多良木プレカット協同組合を中枢に、新産住拓株式会社、エコワークス株式会社、株式会社すまい工房の工務店3社を含めた木造住宅グループである。多良木プレカット協同組合は、グループの工務店向けの良質な原木や製材品の仕入れ、天然乾燥木材の生産、プレカット加工、配送業務までを一貫して行い、高品質な木材を提供している。工務店3社は、天然乾燥木材を使用した、健康住宅に取り組む。

2. 自然素材のすまいづくりへの挑戦

(1) 天然乾燥ムク材へのこだわり

　日本という国は、木の文化を大切にしてきた歴史がある。木材は、私たちの日本人の心と体を休めてくれる。「自然素材の住まい」をテーマに、柱や梁などの構造材に天然乾燥の無垢材を使用した住まいづくりが始まった。一般的には人工乾燥が主流であるが、お客さまにとって最良の住まいを追求する中で、太陽と風による天然乾燥の地域材で住まいを造らなければならないと考えるようになっていた。地域の気候風土をよく知る木材は、住まいになってからも適切な調湿効果を発揮し、住まい手に心地よい暮らしを届けてくれる。さらに天然乾燥なら木材本来の色つやや耐久性を損なわず、化石燃料を大幅に削減でき、環境にもやさしい。自然素材の住まいと地域貢献を目指す新産グループにとって、天然乾燥の地域材は最良の手法だった。

　しかしながら、国内産の天然乾燥無垢材を使おうと思うと、外国産の木材に比べて割高である。国産材の流通には、山林所有者→素材生産業者→原木市場→製材工場→木材市場→問屋→工務店という長い流通過程の仕組みがある。いくら自然素材の住まいが素晴らしくとも、高すぎてはお客様に喜んでいただけない。上質な天然乾燥無垢材をリーズナブルにお客さまに届けることは、容易なことではなかった。お客様に適正な価格で提供するためには、産地から直接原木や製材品を購入し、プレカット工場に保管しておけばよいと考えた。

(2) 木材流通産直システムを構築

　1992(平成4)年には新産住拓のプレカット事業部として熊本市近見に工場を建設し、効率的な生産に乗り出した。当時、住宅会社がプレカット材の生産に取り組みながら、製材品の仕入れを行うことは木材業界では異例のことであった。業者が介在する木材流通を根底から改革しようとした取り組みは、業界では受け入れられず、県内では原木や製材品が手に入りにくく、四苦八苦していた。自然素材の住まいづくりを支える木材流通産直システムに取り組み始めたのは1995(平成7)年のこと。翌年の1996(平成8)年には、誘致企業として球磨郡多良木町にプレカット工場を落成。その後2012(平成24)年に独立し、現在の多良木プレカット協同組合に至る。そんな中、転機となったのが泉林業と尾方製材との出会いだった。

地元の山を知り尽くし、素材の良さを最大限に生かしたいと願い、かたくな
に伝統林業をやり続けてきた泉林業は、葉枯らし材の生産と切り旬にとことん
こだわる。生産性や回転率を求め始めていた当時、泉林業の取組みは効率的で
はないと思われていた。泉林業の創業者である故・泉忠義氏は、「だれも認め
てくれなかった切り旬・葉がらし材を初めて認めてくれたのが新産グループの
創業者だった」と語っていた。

　木を愛し、黙々と木を挽き続け、どんな注文でもこなす腕と誇りを持った尾
方製材は、1本1本の材の挽き方にきめ細かく対応する。当時、近隣の製材業
者が次々と廃業していく頃だった。尾方製材の創業者である尾方猪八郎氏は、
「国産材の需要減少に伴って廃業する業者が後を絶たず、厳しい状況の中での
新産グループとの出会いだった」と当時を語る。

　こうして良質な木材を必要な分揃えてくれる山元と、必要な部材を適した寸
法に挽いてくれる製材所、天然乾燥の地域材を使用した本格的な住まいづくり
に取り組む工務店との思いが合致し、独自の木材流通産直システムが確立した。

3. すまいづくりは森づくり

(1) 森林認証への取組み

　「近くの山の木で住まいづくりを」。一言でいえばとても簡単に聞こえる。し
かし、そこにたどり着くためにまず、木を育てる「森づくり」からこだわって
いかなければと私たちは考える。私たちが使用する木は樹齢50年余りのもの。
木が健康であるためには森林の手入れも必要だ。戦後、植林された人工林は適
度なサイクルで伐採・植林・整備・伐採を繰り返さなければならない。近くの
山の木を使う住まいづくりは、地球温暖化防止に貢献し、環境にやさしい。そ
うした取り組みの一つが森林認証制度だ。新産グループは、2005(平成17)年
に住宅会社としては九州初のSGEC森林認証制度を取得した。天然乾燥を経
て、その2年後の2007(平成19)年に、森林認証材を使用した「森林認証の住
まい」の販売を開始した。これまで主に木材製材までの認定事業を取得する企
業に限られていた認証林産物流通システム(CoC認定)において、九州で初めて
最終製品である住宅建築までの流通・加工過程で認証を取得した。それにより、
SGEC認証木材を使用した住宅に対して森林認証材の使用証明書を発行するこ

とができるようになった。使用証明書の発行により、住宅においても木材の産地を明示することにもなり、住宅に安全性や環境負荷などを求めるお客様に対しても安心を提供できるようになった。

(2) 山へ行こうツアー開催

グループの根幹を担うのが多良木プレカット協同組合だ。現在は、年間260棟分の木材をストックし、住宅会社への安定供給を実現している。その協同組合が主催しているのが山へ行こうツアーである（写真1～3）。グループのお客様に素材生産現場、天然乾燥ストックヤード、プレカット工場をご案内する1日体験ツアーだ。年に2回春と秋に開催され、毎回約200名のお客様が参加する。その取り組みは2019年春で第44回の開催を迎えた。そこでは、住宅に対する品質や管理基準を説明することはもちろん、伐採現場での森林認証への取り組みや、森林の公益的役割についてはなし、住まいづくりが森づくりにつながることをしっかりと伝える。こうして新産グループは住まいづくりを通して地域社会に貢献し続け、お客様や地域にとってなくてはならない工務店グループとして成長を続ける。

写真1　伐採現場（2018年10月撮影）

写真2　昼食＆お花見（2018年3月撮影）

写真3　工場案内（2018年3月撮影）

（東　大介）

【事例 14】

サイプレス・スナダヤの取組

株式会社サイプレス・スナダヤ

1. 認証材の現状

(1) 認証取得状況

サイプレス・スナダヤの主力商品は、住宅の土台角および集成土台、集成柱、集成梁である。ブリティッシュ・コロンビア州(カナダ)産の米ヒバからPEFC材、日本の杉および桧からSGEC材を仕入れ、製材加工して販売している。

2010年3月31日に社団法人日本森林技術協会による審査を受け、SGEC (CoC)認証を取得し、同年7月6日にSGSジャパン株式会社による審査を受け、FSC(CoC)およびPEFC(CoC)認証を取得した。以来9年間の運用を継続中である。また2016年6月3日にSGECとPEFCの相互承認が実現し、スナダヤの新工場が完成したため、2018年3月22日にSGSジャパン株式会社によるSGEC (CoC)認証を新たに取得し直した。これにより、FSC、PEFC(CoC)、SGEC (CoC)の3認証の全てが取り扱えるとともに、認証審査機関の統一を図った。

(2) 取得経緯

国際的な認証制度であるFSCが1993年、PEFCが1999年、日本のSGECが2003年に成立されていた。国際認証がじりじりと世間に浸透し始め、2009年頃にはようやく顧客からの問い合わせも少量ではあるが出始めた。その頃のスナダヤは外材である米ヒバの輸入および製造販売の割合が多く、少量の国産桧を取り扱っていた。米ヒバはカナダ産であり、すでにFSC、PEFC認証制度が深く浸透していたため、2010年に3つの認証を取得することにした。まずは米ヒバで入手しやすかったPEFC材の製造販売を開始することにした。

(3) 立ちはだかる壁

認証を取得する際に、いくつかの壁がある。まずはお金がかかるということ。おおむね一つの認証を維持するのに年間約35万円コストがかかる。取得当初は3つの認証を維持しなければならず、年間110万円。それでもスナダヤは顧

＊FSCライセンス番号：FSC-C095355

客のニーズに可能な限り応えることと安定供給を維持することが、商売の安定に繋がると考え取得に踏み切った。PEFCとSGECとの相互承認により、現在ではSGEC認証でPEFC材も取り扱えるため、FSCおよびSGECの2つの認証維持で済むようになった。それでも年間75万円コストがかかる。

次に認証がCoCであること。仕入れから製造販売完了まで製造に携わる業者が全て同一の認証を取得していなければ認証材の販売は成り立たない。米ヒバは当初から商社経由での仕入れを行っているが、当然所有権の移動があるため、原則として商社も同種類の認証を保持していなければならない。また、製造工程で外部の工場や施設を経由する場合には、これも全業者が同種類の認証を取得している必要がある。FSCは持っているがPEFCは持っていないとか、SGECは取得したがPEFCは無いというケースもあり、商売は制限された。

もうひとつの壁は、管理する仕事が増えるということ。CoC認証は言い換えれば認証材を適切に管理できている証ということ。仕入れから製材加工工程および出荷まで詳細に数量管理しなければならない。また非認証材や他の認証材と区別する分別管理を必要とする。近年の人材不足の折、管理も面倒だし、書類も新たに作成しなければならないという抵抗感が確かにあるだろう。スナダヤでも導入当時は抵抗があったが、工場での管理をできるだけわかりやすくするように色別管理を徹底する作戦と日常の伝票作成などの事務的業務がそのまま管理書類として生かせるように工夫して、簡素化と省力化を図った。

最後の壁は日本の国際認証に対する意識が薄いということ。もともと国際認証自体がヨーロッパで発祥したため無理もないともいえるが、ヨーロッパや北米に比べれば認証材に取り組む姿勢について、日本は圧倒的に後進国である。国産材を認証材として流通させようと思っても肝心のFM認証を取得している山林が非常に少ない。すなわち必要な時期に必要な原料が揃わない。これでは商売は続かない。東京オリンピックを契機に突然国際認証の必要性を感じ、SGECをPEFC国際認証との相互承認に何とかねじ込み、ようやく素材生産業者および森林組合や原木市場もグループで認証を取得し始めた。このためスナダヤでも徐々にではあるが流通させることができ始めている。しかし、やはり使用する側は限定的で、オリンピック関連だから認証材を使わざるを得ないという程度の近視眼的な意識しかないように思える。川上から川下までが国際認

証材が必要かどうかよくわからないので様子見的な意見が多く、限定的にしか広まっていない。川上は川下からの要望が出てからはじめて認証材の確保に動く有様で、これではとうてい供給が間に合わず、実績も伸びない。

2. スナダヤの実績
(1) 取扱実績

図1に、これまでの9年間の認証材取扱実績をまとめてみた。

PEFC認証材（米ヒバ）は、9年間で18万7,301 m³原料として仕入れ、12万2,018 m³の製品を生産し、実際に認証材として出荷されたのは2万575 m³であった。2017年度から外材の原料価格が高騰したために取扱量が減少しているものの、米ヒバのPEFC材は実に出荷必要量の6倍の供給能力があり、十分

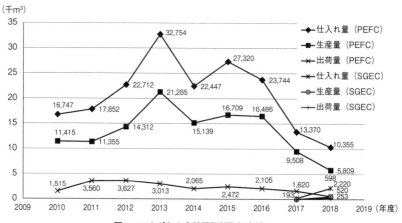

図1 スナダヤの森林認証材取扱実績

に顧客の要望に応えることができた。米ヒバの減少とともに増大してきたのが、現在スナダヤの主力となっている国産材である。国際認証材としての要望は2018年度にようやく出始めたが、杉材のみで年間たったの253 m³であった。認証林材の供給量も原木で2,200 m³程度しかなく、山側の認証取得もほとんど進んでいなかったか、あるいはようやく認証取得に重い腰が上がり始めた現状であったといえる。2019年度現在も依然として顧客からの要望はほとんど無い状況であるが、弊社のCLT事業も商業生産が進み、かつ公共物件において

事例14　サイプレス・スナダヤの取組

写真1　SGEC材保管状況（2019年6月撮影）

森林認証材の標準化がある程度進むことを期待して、地元の森林組合や県森連に認証材の準備と出材を依頼し、積極的に認証材を購入するようにしている。

(2) 運　用

　スナダヤでは認証材の管理手法として色別管理をしている。FSC（赤、ピンク）、PEFC（緑）、SGEC（青）、非認証材は無色である。原料として納入される原木あるいはラミナーは、あらかじめ決めておいた保管場所に区別して荷受けをする（**写真1**）。桧や杉等原木の場合は認証材と非認証材を完全に区別して製材し、製材完了直後の材料に色を塗布する（**写真2**）。輸入材はコンテナからのデバンニングの際に色を塗布し、所定の場所に区別して保管する。それぞれの材料は、桟積みと乾燥工程においても原料に塗布された色を引き継いで塗布し、集成材工場に引き継ぐ。1次削り、欠点除去、フィンガージョイント、2次削り、プレス、仕上げ削りという工程を踏むが、工具は材料にマーキングされた色を判別して、次工程にそのまま同色を塗布あるいは色テープで明示して引き渡す。材料置場から製材および集成材、CLT工場を経て製品が出荷されるまで色別のCoC（管理の連鎖）を実施している。

写真2　製作後のSGEC材保管状況(2017年7月撮影)

　サイプレス・スナダヤの特徴として原木の製材から集成材およびCLTの完成までの一貫生産が挙げられる。生産性の合理化と製造コストの低減を追求したものであるが、認証材の管理についても入口から出口までを一貫して管理ができる利点がある。

3.　今後のスナダヤの取り組み
　日本の木材は外材との競争にさらされ、価格の低下を余儀なくされた。そんな中で日本は人口の低下を背景に住宅着工数の減少が予想され、伐期を迎えた大量の森林資源の活用法と国際競争力の強化という課題を突き付けられている。ところが日本の林業関係者や木材業界および工務店やハウスメーカーはコストばかり気にして、自社がどうやって生き延びることができるかということにしか危機感がないのが現状である。林業経営も製材工場の経営も厳しい採算状況下で目前のコストにのみ目が行ってしまうのも無理もないが、将来持続して木材が活用されていかなければ林業の成長も環境改善もない。そろそろ本腰を入れないと日本の木材は世界から取り残されかねない。国際競争力を強めて海外

事例14 サイプレス・スナダヤの取組

写真3　LNKCK社製最新鋭製材機械(2017年5月撮影)

への拡販も視野に入れておく必要があるし、高付加価値の新商品の開発も必要だ。そのための手段として国際認証を取得して実際に認証材活用の実績を作っておくことも重要だろう。サイプレス・スナダヤでは2017年にドイツ製の最新鋭製材機械を導入(**写真3**)し、ヨーロッパ並みの生産性を実現して製造コストの低減に取り組み、競争力の強化を図っている。また2018年にCLT工場を完成させて商業生産を開始した。顧客からの要望はなくとも認証材の出荷はいつでもできる体制を整えている。すでに始まっているが、木材の海外輸出を考えると国際認証を持っているということが取引の必須条件になってくる可能性が出てきている。スナダヤへの海外からの問い合わせも少なからず増えてきている。もっと大きな視点で見れば、温暖化とともに将来さらに地球環境に対する基準が厳しくなり、必然的に認証木材の重要性が高まってくるはずである。庶民的な視点で見ても、ひょっとしたら価格よりも認証木材を選ぶ消費者が増えてくるのではないかと思う。認証木材の積極的な活用が進むことを期待したい。

（村上孝行）

【事例15】

木材建材流通における森林認証

ジャパン建材株式会社

1. 導入期

(1) 木材建材の流通問屋としてのCoC認証取得に向けた取り組みと背景

① 背　景　2008年森林認証取得を考慮し始めた頃、違法伐採問題に対する関心が世界中で高まりその対策に各先進国が取り組みを開始、インドネシアの森林施業や違法伐採問題にも注目が集まった頃と記憶しております。日本国内の木材建材業界、特に合板及び大手建材メーカーで森林認証の取得が進み各地の話題で森林認証の文字が頻繁に聞かれる状況となりました。認証製品としては認証輸入台板を使用した床材が大手建材メーカー数社から販売が開始され、建販商社・問屋に於いても流通として森林認証が必要との認識が深まり、第一次認証取得ブームの様な状況になりました。当社では大手流通の店舗建設の構造材に関して具体的にFSC認証材提供が計画された頃、製造部門を持つグループ会社がすでに認証を取得し供給体制を整えており、当社が森林認証を取得しなければ商流に絡むことができず商圏を放棄することになり、ある一面ではこれらの事由で取得に弾みがついたのも事実でした。

② 準　備　全社対象としたマルチサイトFSCおよびPEFC森林認証取得に向け2009年春取り組み方針決定、審査機関を選定し費用及び取得までの概要を調査、2009年10月末社内稟議が承認され正式にスタート。認証取得準備委員会として同年11月CoC事務局設置、スタッフは住設部(建材総合メーカー担当)木材部(木材製品担当)合板部(合板製品担当)を選出、審査機関との打ち合わせを繰り返し準備作業に入り、当然のことながら社内に専門知識を有するスタッフはおらず各環境系のNGO・NPOの資料、認証製品販売メーカー及び認証機関から提供された資料を中心に作業を本格化、まずは当社として運用可能なマニュアル作成に取り掛かりました。マニュアルを制作するにあたり通常の業務のかたわら進める中で、難解用語の理解に苦しんだ記憶が強く残っております。リスク評価・デューデリジェンス・クレジット・カテゴリー等々、作業

を進める中、更に気にかかったのは認証取得後この内容を含めていかに全事業所に運用していくかでした。ようやく第1版のベースとなるマニュアル及び必要書類が整い審査機関に提出、チェックバックを繰り返しマニュアル第1版の完成の運びとなりました。

③ **審査・認証取得**　2010年3月マルチサイト全事業所認証取得を目標とし各種整備を進め、2010年1月21・22日審査機関SGSジャパンの審査を迎えました。審査時点で認証材の仕入れ販売の実績が無く書類審査が中心となる、前述のマニュアル及び付帯文書・仕入れから販売までのテスト帳票・取り扱い樹種・認証製品仕入先リスト等々。審査は滞りなく終了、合格の場合通常は1か月程度で正式な連絡があり認証No認証期間が明記された認証書が届くと伺いました。折しも2月は東京ビッグサイトにて恒例行事の自社建築資材展示会開催時期、当社の森林認証取得絶好のPRチャンスと捉え、全国事業所にも配布するポスターを制作し当日2月11・12日に展示会場に複数展示致しました。地球に青葉のいかにもといった感じのポスターを自信満々に展示した次第です。ポスターには基本理念の文言と"ジャパン建材はFSC及びPEFCのCoC認証を取得しました"の言葉を印刷し展示。展示終了の翌月曜日審査機関から連絡が入り、展示会で認証取得ポスター展示の状況確認を受けました。展示会の当日にはまだPEFCの証書が届いておらず認証Noもない状態でした。展示会に来場された方がポスターを見た上でHPにて確認するもPEFC認証企業に当社の名前が無く審査機関に連絡を入れた模様です。正式な認証取得は2月11日FSC、3月16日PEFCであり、展示会時のポスター表記の森林認証を取得しましたは誤りでした。ポスター展示の顛末を記入し認証機関に是正報告、認証取得と同時期に是正報告提出とあまり例のないスタートとなりました。

④ **運用開始・維持・更新**　運用開始を下期(10月)に想定、実務準備を開始し実際の販売システムに載せる作業が開始となりました。帳票に出力する認証種別・カテゴリー表示の決定から始めましたが伝票の出力エリアの空きスペースがほとんど無く解決に時間を費やした記憶があります。数年後PEFCの基準が改定となり表示項目が増加、現状のシステムでは対応ができずPEFCアジアプロモーション様に直接交渉し表示変更に承諾を頂いた事もありました。何と

---

* FSCライセンス番号：FSC-C081849

か準備を整え2010年8月に全事業所にて運用開始となりましたが、得意先からの認証材としての供給依頼はまだ少なくほとんどは認証製品の仕入れと同製品の認証材としての一方的な販売でした。初年度8か月の取り扱い実績は仕入れベースで約3,800 m³月平均500 m³以下のボリューム、製品の内訳としては大手住宅会社向けFSC認証LVL、その他の認証材は輸入合板・輸入2×4ランバーのPEFC認証製品が占めておりました。当社運用開始数年で状況の変化が起きた感があります。木材・合板の認証材は国内・輸入ともに多少の増減はありますが、やや増加の傾向にありました。ただし国内総合メーカー製品の認証材としての流通はかなり減少しておりました。運用開始から数年、毎年11月頃の維持審査を繰り返し認証取得5年目の第1回目更新審査を終えもうすぐ2回目の更新審査を迎えます。CoC事務局として社内にいかに正しく浸透させていくかが大きな作業で2回目の更新審査を迎える現状でも同じと感じております。認証材と非認証材の価格差をなかなかつけられず、問屋流通として保管および管理の煩わしさをどうしても避けることが出来ないのが現状です。

2. 合法性等が証明された製品の販売

(1) 木材調達基本方針

　JKホールディングスグループは「快適で豊かな住環境の創造」という企業理念を果たすため、2017年木材調達基本方針を制定、運用を開始いたしました。グループ各社にて調達する木材及び木質建材製品を適用範囲としております。持続可能な森林保全、保護価値の高い森林の保護、関連法令順守を基本方針に定め、森林認証制度の積極的活用を行動規範に定めております。定期的なモニタリングを実施、概要をウェブサイト等にて公開を予定しております。

(2) J-GREEN事業

　CoC認証運用開始5年間は取扱仕入れベースで年間3万m³〜4万m³にて推移、扱いのアイテムはOSB・輸入合板・国内合板・北米産製材品・国内外集成材等素材中心に徐々に増加傾向で推移してきました。2016年から合法性が証明された製品のラインアップを充実させ環境配慮製品として全社にて展開を開始しJ-GREENとして販売を強化しております（**写真1**）。製品は合法性の証明が選定条件になっており森林認証製品が多く含まれます。この事業の推進によ

り2016年度から森林認証製品の取り扱いが急増しております。国内外の主要メーカーの協力を得、オリジナルの認証製品開発にも取り組んでおります。直近の2018年度は仕入れベースで年間9万m³程度の見込みです。ただし市場からの認証材としての要求は少なく、一般材での販売も多いため、認証材としての販売量は仕入れに比較し少なくなっております。J-GREEN事業を推進する事で人と環境にやさしい社会づくりに貢献してまいります。

写真1　J-GREENの販売PR（2019年8月撮影）

3. 現状と今後の課題

　2017年～2018年は森林認証を取巻く環境に大きな変化が起きました。東京2020大会持続可能性に配慮した木材製品の調達基準が示され、直接・間接問わず木材製品の認証材としての問い合わせが急増しました。競技施設への納材では数次の下請け会社に於いても認証材の提供が求められ同時に森林認証取得企業が増加傾向にある様です。全国各地の森林組合でも森林認証取得が進んでおり、一般流通に於いても認証材のボリュームが増加することが業界全体の認証材市場に大きなプラスになると考えます。クリーンウッド法、SGDsと森林認証を取巻く環境に大きな変化が起きております。

　当社の恒例の行事であります東京ビッグサイト展示会に於きましてはFSCジャパン、SGEC/PEFCジャパンのご支援をいただきブースPR展示及びセミナーを開催しております。ご来場のお客様、出展仕入れ先様及び社内関係者に森林認証に理解を深めて頂く事を主眼としております。

　木材建材の流通では森林認証の取組に対して企業価値がなかなか見出せない現状があると思いますが各社が地球環境の保全を唱え同じ方向に進めたら大きな力になると思います。

（安達　裕）

【事例16】

ナイス株式会社の取組

ナイス株式会社

1．ナイス株式会社の概要

(1) ナイス株式会社の概要

　ナイス株式会社は、木材・建築資材の販売から住宅の供給、木造建築物の推進などを手掛ける木と住まいの素適住生活応援企業として、1950年の創業以来全国16か所に拠点を置く木材市場事業 をはじめ、全国規模で建築用資材・住宅設備機器等の国内流通及び輸入販売事業とマンション・一戸建住宅の住宅販売事業、不動産仲介事業を展開している。また近年では、大型木構造建築事業を展開し、公共建築物などの木構造建築の企画・設計・構造設計・施工といったトータルサポートシステムを実現し、ニーズに応じた最適な建築コンサルティングを提供している。

　木材流通の分野において、長年北米材や欧米材を中心とした輸入材を国内の木材販売ルートに積極的に流通することで、国内の木材需要に対応してきた。特にここ近年は、海外の森林認証を取得している製材メーカー（FSC、PEFC）との取引を強化することで、合法性や持続可能性が担保できる製品の取り扱い量を増やすことに注力している。

　また国産材流通の分野では、住宅用の木材製品の流通拡大に向けて全国の製材事業者による製材品を住宅1棟分コーディネートしアッセンブルする「多産地連携システム」を構築し、大消費地に向けて安定した品質の製品を安定価格で合理的に供給するプラットフォームの機能を果たしている。その中で、森林認証材、合法伐採木材、各地県産材等の地域材などトレサビリティの確認できた製品を取り扱うことで、その製品の合法性や持続可能性の証明を行い、出口である工務店やゼネコンといった施工会社や設計事務所に説明を行うことでその意義の理解に対する普及を担ってきた。

　2010年からは、相互連携や研鑽、人材育成、情報交換等を目的とした「素適木材倶楽部」を発足し活動を行っている。参加している全国110社の製材事業

者に対し、森林認証材についての研修を行い森林認証の意義についての理解を広め、連携した取り組みを目指してきた。

また"木と住まいの大博覧会"(住宅の耐震化と木材の有用性の情報を発信する総合展示会である"住まいの耐震博覧会"を2002年より取り組み、現在は全国5か所(東京、名古屋、仙台、京都、福岡)で開催し、累計の来場者数は200万人を超え、さらに近年では"住まいの耐震博覧会"内に設けていた木材ブースを"木と住まいの大博覧会"として発展・独立させ、"木の暮らし、可能性を未来へつなぐ。をコンセプトに展示を行っている)を開催し、多くのプロユーザー・エンドユーザーに対して森林認証材の意義・効果を発信してきた(**写真1**)。

写真1 木と住まいの大博覧会での森林認証コーナー(2018年2月撮影)

木材産業に対する国の取り組みとして、農林水産省は「森林・林業基本計画」に基づき、「林業の成長産業化」を旗印とし、資源の循環利用を図りつつ、原木の安定供給体制の構築と木材需要の拡大を「車輪の両輪」として推進している。特に、木材需要の拡大に当たっては、公共建築物の木造・木質化や木質バイオマスのエネルギー利用などによる国内での需要拡大に加えて、木材の輸出により、海外での市場拡大も取り組んでいる。ナイス株式会社は林野行政に対

する理解を深め、上記で紹介した取り組みを通して森林認証材を積極的に流通することで、公共建築物の木造・木質化、木材の輸出の促進を目指す。

2. 森林認証に対する取組

ナイス株式会社の森林認証に対する取組は、ナイス株式会社資材事業本部木材部門で2010年にFSCのCoC認証[*]、PEFCのCoC認証をそれぞれ取得し、2014年にSGECのCOC認証を取得した。また、2015年にグループ会社の親会社にあたる「すてきナイスグループ株式会社」でFM認証581.51ha（徳島県）を取得した。

現在の森林認証材の取り扱いは、針葉樹構造用合板や集成の柱や梁といった構造材の割合が多く見られる。また、半製品として国内の集成工場に対し、ラミナの販売取り扱いの実績もある。国産材に対しては、グループ会社であるウッドファースト㈱徳島製材工場にて、積極的に「徳島森林づくり推進機構」をはじめとした仕入先からSGEC認証の原木の仕入れを行っている。2016年にPEFC認証制度と相互認証が認められたことより、今後は製品輸出や後述するような全国47都道府県の地域材活用の分野において取り扱いの拡大を目指す。

3. その他、森林認証に対する新しい取組

(1) 全国47都道府県から森林認証材の供給体制確立

ナイス株式会社は、全国47都道府県、特に今まで認証された森林が存在しなかった県の行政担当者や素材生産業者、森林組合等に働きかけ、森林認証の取得をサポートするとともに、全国の優良な製材メーカーと連携し、製材・加工・流通事業者をコーディネートすることで、全国の森林認証材の供給体制を確立した（**図1、写真2**）。このことにより、全都道府県の木造住宅・非住宅建築物に対し、森林認証材の供給が可能となった。また、すべての都道府県の地域材に認証材という付加価値をつけることができるため、公共建築物等への利用が促進され、地産地消が進むとともに、全国の特色ある認証材を集荷し、都市部などの消費地の木構造や非住宅の木質化にも活用が可能となる。

特に認証材における原木の調達、伐採、製材、加工等の工程をできる限り、

＊FSCライセンス番号：FSC-C100101

事例16 ナイス株式会社の取組

47都道府県全ての都道府県からの森林認証材の調達が可能
国内木材流通拠点、工場、海外の木材流通拠点の全てでCoC認証を取得

図1 ナイス株式会社の森林認証の取組について

写真2 47都道府県産材の森林認証材の紹介(2018年6月撮影)

地域内で行い、またプレカット工場や防腐加工についても同様の連携をとり、複雑かつ流動的な木材の商流や非効率的な物流を総合的にコーディネートすることで、省力化を図り認証材に対する多様な要望に対応することが可能となった。

(2) 認証材を活用した商品開発

ナイス株式会社は、国産材をはじめとした無垢材を積極的に内装木質化や外構木質化へと活用するための商品開発に取り組んでいる。その中の一つに、浜松市天竜産のFSC認証材を活用した学校机の開発がある(**写真3**)。

表面がやわらかい杉をはじめとした針葉樹無垢材を学校机の天板に使用すると傷がつきやすく使いづらいという難点があったが、表層圧密テクノロジー"Gywood®(ギュッド)"の技術を活用することで、表面を集中的に硬くし、無垢の木目の良さや質感、ぬくもり

写真3　スギ無垢材を使った学校机と小学校での環境教育の授業風景

を維持しつつ、対傷性を向上させることができた。

学校施設は、児童生徒の学習の場であると同時に、1日の大半を過ごす生活の場でもあり、豊かな環境として整備することが求められる。その中でも、児童生徒が学校にいる間、一番長く触れているものが学校机である。だからこそ、木の感触やぬくもりが感じられる無垢材を学校机に使えるようにすることで、

児童生徒に木や森林を身近なものとして意識させ、地域の林業・木材産業、木の特性、森林の持続可能性まで、総合的な学びを促す教材としての役割を果たすことができると考えた。

今後は無垢材を活用した学校机の普及を通じて、持続可能な木質化社会の実現を目指すとともに、社会の様々な課題解決に向けて取り組んでいく。

4.　おわりに

ナイス株式会社は、2010年からFSC認証材、PEFC認証材を取り扱ってきた。また2014年からSGEC認証も取得し、来るべき国産材の森林認証材の取り扱いに対応が可能となった。

国内での森林認証材の普及が予想される契機として、東京オリンピック2020の開催があげられる。東京オリンピック2020において施設整備等に使用される木材の調達基準が策定され、持続可能性の観点から重要な項目を設定し、これを満たす木材を調達することとし、森林認証材は適合度が高いものとして原則認められることとなった。

今回の調達基準の策定により、オリンピック後も非住宅物件をはじめとした公共性の高い物件において、持続可能性の高い木材を選択する傾向が高まることが期待される。

特に国産材流通の分野では、住宅・非住宅の木材製品の流通拡大に向けて全国の製材事業者による製材品を1棟分コーディネートしアッセンブルする「多産地連携システム」を構築し、JAS機械等級区分製材品をはじめとした強度性能や寸法安定性、耐久性などが明示された良質で安定した品質の製品や、森林の持続可能性や合法性、トレサビリティなどをしっかりと説明できる森林認証材を安定価格で安定的かつ合理的に供給するプラットホームを目指していく。

全国47都道府県から森林認証材の供給体制を確立し物流拠点としての総合的なコーディネート能力を活かすことで、今後SDGs達成への貢献や木材のトレサビリティが重視されるなか、各地域での認証材を産地でも都市部でも広く活用することができ、木と接点を持ちにくい地域や利用者層にその価値を訴求していくことができる。

（高田健太郎）

【事例17】

森をつくる家具

株式会社ワイス・ワイス

1. 諸塚村の森をつくる

どんぐりの森が広がる宮崎県北部の諸塚村は95％が森林におおわれる人口1,600人余りの村です(**図1**)。明治期の1907年に林業立村を宣言して、森づくりによる地域振興に取り組んでいます。特に針葉樹だけでなく、広葉樹も豊富で、常緑の広葉樹のほか、原木しいたけ栽培のホダ木に使う落葉広葉樹などのどんぐりの木(クヌギ・コナラ)を植林、生産し

図1　諸塚村の位置図

ています(**写真1**)。全国でも貴重な広葉樹の産地ですが、椎茸価格の低迷や後継者不足で、伐期の適期を超えて太くなり過ぎたどんぐりの木が増えています。しいたけ栽培では植菌や栽培を円滑にするため、ホダ木の移動や上下を返す作業など人の手で行う場面が多くあります。そのため、原木の直径が20cmを超えると重すぎるため、規格外となり、流通価格も半分に。この状況が続くと新たに植林することもできず森の循環をストップさせてしまいます。

写真1　秋のどんぐりの森としいたけ農家 奈須高光さん(2012年3月撮影)

そこで2013年から、このどんぐりの木を活用して、しいたけの生産と森の循環を生む「森をつくる家具」を村の方々と協力し合い3年の歳月をかけて完成させました。自然の恩恵を暮らしの道具として役立てることで、自然と人の新しい関係性が生まれました。

 それから、5年の月日が流れ、2018年にニューモロツカとしてリニューアル。地元の建具職人によるFSC認証ファニチャーへとこのたび進化しました。

2. FSC森林管理認証

 諸塚村は、110年前の1907年に「林業立村」を掲げ、村民総出で杉だけでなく、適地適木として、どんぐりの木（クヌギ・コナラ）も植え、「モザイク林相」の森を育てて暮らしてきました。日本中を驚かせたのは、2004年に村が自治体ぐるみでは日本初のFSCの森林管理認証を取得[*]したことです（**写真2**）。FSCとは持続可能な森林経営を世界に広げるため、厳しい審査がある国際的な森林管理の認証制度です。諸塚村は村民の小さな子どもからおじいちゃんおばあちゃんまで、FSC森林認証について語ることができる先進的な村です。

写真2　諸塚村の木材生産の様子（2016年2月撮影）

3. 安心・安全なトレーサビリティ

 ニューモロツカの生産体制は、森林／木という自然資本を利用し、持続可能な環境・社会・経済のバランスの取れた暮らしを支えます。

 生活者に届く木製の家具から材料元まで流通を辿ると**図2**のようになります。購入した家具のお金／信頼／感謝が地域社会・地域環境に循環され、森の保全とそこで暮らす人たちの糧となります。地産地消、地産他消を生むこの仕組み

---
[*] FSCライセンス番号：FSC-C136217

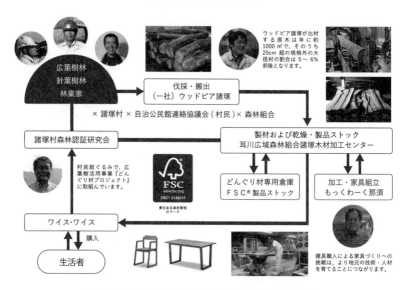

図2　生活者に届く木製家具から材料元までの流通の流れ

は、日本のみならず世界中で必要とされています。

4. 顔の見える家具

　ワイス・ワイスは現地に行って生産者と直接会うことを大切にしています。例えば料理人が農家の方に会いに行き、その土地の気候や土の作り方までを知り、素材の本当の良さを引き出して料理すれば、美味しいことと同じです。

　家具も木という「命」を扱っています。森林大国日本は、その地域の気候、風土や文化によって、多様な森が存在します。

写真3　各々の技術を生かし生産される家具(2016年2月撮影)

森がなければ、家具はつくれません。

　安心・安全なものを生活者にお届けするために、林業・製材業・家具製造業・輸送業の各工程において、材料を確認し信頼関係を築き「顔の見える野菜」ならぬ「顔の見える家具」をお届けします(**写真3**)。

5. 本物を知る人たちでつくる

　素材である木を村の林業家が育て、デザイナー小泉誠さんがレシピ・味を工夫し、最高の料理人である地元の建具職人那須幸雄さんとその弟子たちが仕上げました。各々の経験と知恵が呼応し家具に凝縮されています。

　難しい細工の引き戸や欄間など、精密につくる技術が家具に生かされています。那須さんは修行時代、80歳になるお師匠さんに自ら志願して、毎日最後までひとり残って教えを乞い、その技術と心を継承したそうです。

　那須さん曰く「自然のものを作っているのだから自然に感謝しないと。木目を生かしてうまく使ってあげようか、山から木が出る時から考える。適材適所に使うといい。届ける時は、自分の娘が嫁入りしていくような気持ち。そうモロツカはロマンを求めてる。」

6. 諸塚村の郷土愛がつくる未来

　諸塚村とワイス・ワイスは家具づくりを通して、お互いに訪ね合う関係になりました。毎年夏に諸塚村の小学生との交流も生まれ、6年目を迎えます。子どもたちは「ふれあい教育」の一環として、地域資源(ひと・もの・こと)とかかわり合いながら「生きる力・学ぶ力」を身に付ける学習を行っています。

写真4　元気いっぱい諸塚村の小学生たち！(2018年8月撮影)

実際に林業家の方へインタビューをしたり、村の大人たちの仕事を色んな角度で見て聞いて体験することで、自分の村への誇りが湧き、自信に満ちた子どもたちの姿は本当に感動します(**写真4**)。

(佐藤岳利)

【事例18】

イトーキの取組

株式会社イトーキ

1. 持続可能な木材の調達を推進

イトーキグループでは、自らが調達する木材が、その生産地である森林や地域社会に影響を及ぼす可能性があることを認識し、木材調達基準を定め、生物多様性だけでなく社会的な側面にも配慮した、持続可能な木材の調達を推進している。その一環として、取引先(材料調達先等)にも協力を得て、製品に使用されている木材の樹種、形状、取扱量、原産国(地域)などの把握や、調達基準にのっとった調達に努め、その調査の範囲を拡大している。

写真1　森林認証材を使用した製品

2. 「合法性・持続可能性にかかわる事業者認定」に基づく取組み

2006年、グリーン購入法改訂に伴うJOIFA(日本オフィス家具協会)の「合法性・持続可能性の証明に係る事業者認定」を取得している。これに基づいて、合法性、持続可能性が証明された木材、木材製品の使用・販売を推進するため、木材の流通・加工ルートの確認や社内体制の見直しなど、サプライヤーの協力を得ながらグリーン購入法適合商品のスパイラルアップを図っている。

3. FSC・CoC認証と、PEFC・CoC認証の取得

2011年、FSC・CoC認証[*]、2015年にはPEFC・CoC認証を取得して、認証製品を販売している。2016年伊勢志摩サミットではG7首脳会合会場の円卓およ

---
[*] FSCライセンス番号：FSC-C107946

び椅子を、森林組合おわせ、飛騨産業㈱と連携しFSC認証製品として納入した。
　イトーキでは、公共施設やオフィスの家具・内装を提案する際には、FSCをはじめとする森林認証について顧客や設計者に説明することを心がけている。

4. FSCプロジェクト認証・全体認証を取得

　イトーキ東京イノベーションセンターSYNQA（東京都中央区）の1Fフロアでは、RC（鉄筋コンクリート構造）建築物のオフィスとしては日本で初めてFSCプロジェクト認証・全体認証を2012年に取得した（**写真2**）。内装で使用しているすべての木材（置家具を除く）が、FSC認証材または管理された木材であり、伐採、製材、加工、流通、施工まですべての工程で適切に木材が取り扱われていたことが証明されている。

写真2　東京イノベーションセンターSYNQA
（2012年12月淺川 敏撮影）

5. 「こどもエコクラブ」への参加

　こどもエコクラブ事業は、環境省の事業として1995年から始まり、地方自治体や企業などの協力の元、子どもたちが登録し、環境活動を行う事業である。イトーキは、2014年から活動に賛同しパートナーとして応援している。

　2019年3月には国立オリンピック記念青少年総合センター（東京都渋谷区）にて「こどもエコクラブ全国フェスティバル2019」が開催され、イトーキ展示ブースでは、子どもたちに認証材を使用した製品を通じてFSC認証を紹介した（**写真3**）。

写真3　子どもたちにFSC認証を説明する

【事例19】

我が校での認証取得への挑戦

青森県立五所川原農林高等学校

1. 認証取得挑戦までの背景

　本校は1902年(明治35年)に設立され、現在の森林科学科は1934年(昭和9年)に林業科として設置された。2010年の学科改変により森林科学科に科名が変更になったものの、歴史は80年を越えている。本校では2015年から学校農場で生産している農産物で国際認証GLOBAL G.A.P.取得に生徒主体で取り組み、2018年にはリンゴ、コメ、メロン、ジャガイモの4品目で認証を取得している。農産物での認証取得への取り組みもあり、森林科学科でも森林に関する認証の取得ができないかと2017年3月から具体的に動き始めた。森林科学科で履修している科目「森林科学」、「森林経営」には森林認証についての単元があり、授業の中では取り上げていたものの、国内での具体的な動きはほとんどわからなかった。情報収集を進めるうちに国内における先進的な国際森林認証はFSCであることがわかり、青森県から最も近いFSC認証取得団体を調べたところ、岩手県岩泉町であることがわかった。早速訪問させていただき、森林管理マニュアル等、取得までに準備するものを教えていただいた。そして、生徒による取得を目指すために、2017年4月に暫定的なFSCチームを10名程度で結成した。

2. 認証取得へ向けた実践

　本校の教育向上に寄与するために設立された一般財団法人大東農園勧学会という本校が事務局の法人がある。この法人は大東農園と呼ばれる約33haの農場を、本校地から真北に約11km離れた五所川原市金木町に所有している。そのうち約20haを実習林として活用しており、ここでFSC森林認証を取得するために取り組みを始めた。

　本校の実習林は、面積が100ha未満なのでSLIMF(小面積・小規模管理森林)のチェックリストをクリアーすることが必要であった。まず、岩泉町から教え

事例19　我が校での認証取得への挑戦

写真1　毎木調査の様子（2017年5月撮影）

ていただいた森林管理マニュアルを学校の実習林管理に合わせて作り変える必要があった。マニュアルでは土地の登記状況、森林基本図、森林簿、森林の現状などをまとめる作業を行った。これまでも生徒による間伐や枝打ちなどの森林管理実習は1年に数回大東農園を訪れて実施していたのであるが、正直なところ、今までしっかりとした継続的な毎木調査や計画的な作業は実施されてこなかった。そのため、標準伐期齢を大きく過ぎた16齢級のスギ林分でも計画的な保育作業を実施しておらず、見てすぐに過密状態であることがわかった。しかし、どのくらい過密であるのか具体的には把握しておらず、今回の認証取得へ向けた活動によって、数値としてようやく理解できるようになった。

　FSCチームの生徒とともに、森林簿をもとに施業区をすべて踏査した。施業区の境界に、誰が見てもわかるように看板を設置し、施業区ごとに4人のグループで毎木調査を実施した。実習林は主にスギ、アカマツ、カラマツで構成され、スギ面積が最も多いことが分かった。記録者1名、輪尺での胸高直径測定を3名で分担し、毎木調査を実施した（**写真1**）。その後、標準木を選定し、ワイゼ式測高器で樹高を測定した。その結果を調査野帳に集計し、ha当たり

の本数、平均樹高、平均胸高直径から材積を求めた。その数値を、地方独立行政法人青森県産業技術センター林業研究所からいただいた密度管理図にあてはめ、森林の現況を確認するのである。密度管理図は教科書でも解説されているが、生徒にとっては森林科学科の教科書の中で最も理解しづらい部分と私は認識している。しかし、実際に自分たちが毎木調査を実施し、そのデータと照らし合わせて学習することは、単に教科書を学習するのとはまったくとらえ方が異なり、実践の真剣さを実感できた。また、この学習がFSC森林認証取得へと直結してくるのであるから、生徒の緊張感がこれまでの学習と大きく異なるのを空気で感じたのである。

毎木調査の結果から、例えば「14-1」という施業区は15齢級で、ha当たり513本の立木があり、密度管理図から100本程度の間伐が必要であることが理解できた。通常であれば密度管理図で計画しながら、間伐の時期を確定し実施するのであるが、本校の場合は放置されてきた期間が長いため、間伐を行うことによって密度管理図の計画線に近づける作業を行うことになった。

3年生の夏休みにはチェーンソーと刈払機の資格講習を実施し、資格を取得しているので、チェーンソーによる間伐は積極的に3年生に実施させている。資格講習の講師には、日本伐木チャンピオンシップで上位入賞している方々にきていただいている。特に2018年の講習のときには、この年の日本伐木チャンピオンシップで上位3名が全て青森県の方で、その全ての方に講習講師に来ていただいた。つまり、技術、安全面等で日本最高峰の講習を、本校の生徒は受講しているのである。このような理由から、普段の間伐の実習でも安全に配慮して実施していると考えているが、それに加えてFSC審査のチェック項目に配慮して実習を実施している。チェーンソーを扱う生徒(**写真2**)はイヤーマフ、バイザー付のヘルメット、安全ズボン、安全長くつ、安全グローブを必ず身に付け、さらに1名の教員がサポートし、生徒の安全に配慮して実習を実施している。1クラス単位で実習しているため、チェーンソーを操作している生徒以外は、待機場所で待機していることになるが、そこにも教員を複数配置して、万が一、伐倒方向が変化した場合に備えてチェーンソー作業を注視している。

FSCの本審査は2017年10月に実施することが決まり、毎木調査の結果から

事例19　我が校での認証取得への挑戦

写真2　チェーンソーによる実習（2017年10月撮影）

　一部の施業区では本格的に生徒による間伐を開始した。間伐というよりは択伐に近く、実習林のスギ林でこのような収穫を目的とした択伐的な間伐は初めてであった。早急に間伐が必要な林分は15齢級のスギ林であるが、本校の実習林では主伐を80年〜100年に設定しているため、今回の間伐は主伐とはとらえていない。また、森林の生物多様性保全に配慮するために、基本的には皆伐は実施しないことにしている。今回間伐する施業区は平均樹高30mで、平均胸高直径も40cm近いため、伐採木は一般的な主伐よりも大きいものばかりである。これまで生徒にはこのような林分の伐採はさせたことがなかったが、FSC認証取得の後には、生産木を2020年の東京オリンピック・パラリンピックの選手村建設への提供を考えていることもあり、この林分の伐採を実施することにしたのである。しかし、今回の間伐は生徒にとって未知の大径木の伐採であるため、安全面にもこれまで以上に配慮し実習を行った。生徒はエンジンを始動するところから緊張しているのがわかり、作業を始める前から汗びっしょりになっていた。

FSC審査の準備のために、実習林内に分布しているすべての植物のリストアップも実施した。毎木調査の他にも林内を生徒とともに歩き回り、現時点で約220種の植物を確認した。その中には絶滅危惧種として記載されている種もあり、伐採時や伐採木の搬出時には配慮する必要があった。森林科学科の学校教育としての実習なので、間伐が必要な林分は1年で間伐を終了するのではなく、翌年以降の生徒の間伐実習のために少しずつ進めている。また、間伐作業を進めながら、周辺に生育している植物や生物などの解説も行っている。春であれば生育している山菜として活用できる植物や、秋には食用や有毒のキノコの解説を実習林のなかで行うため、必然的に1日の実習で行う間伐の本数は少なく、毎回10本前後である。

本校はグラップルやフォワーダなどの林業機械は1台も保有しておらず、小径木はトングという丸太を挟む道具で持ち上げるため、近距離の移動しかできない状況にある。人力で運べない丸太は、本校の卒業生が勤務する森林組合からグラップル付きフォワーダを積雪期に無償で借り受け、林床植生に悪影響がないように搬出することにしている。

3. いよいよ本審査

このような準備を進め、いよいよ2017年10月12日〜13日の本審査の日を迎えた。FSCチームのうち、3年生6名、2年生3名で初めての書類審査に臨んだ(**写真3**)。私も生徒の背後に待機はしていたが、審査員からの質問にはほぼ生徒だけで答えることが出来た。各自1冊ずつ森林管理マニュアルを持参し、自分が担当するチェック項目とマニュアルを対比させて事前学習を数ヶ月積んできた成果が出たようである。2日目の現地審査では、作業の手順や安全配慮を確認しながら通常の間伐作業を行い、作業を観察することで審査が行われた。林業の作業ではあるが、授業の一環での実習である。生徒は林業事業体の技術者のように作業ができるわけではなく、私たち教員が必ずサポートについた。かかり木も発生し、チルホールを用いて伐倒する場面も見られた。審査終了後、審査員の方々からはそれぞれ審査の概要について説明をいただき「重大な是正項目は無く、認証取得を本部へ推奨する。」という言葉をいただいたときには生徒にも教員にも安堵の表情が見られた。

事例19 我が校での認証取得への挑戦

写真3　書類審査に臨む生徒(2017年10月撮影)

　翌年2018年1月29日に認証取得の報告を受け、高校生による実習林のFSC森林認証取得は世界でもこれまで例が無く、世界初の取得事例のようである。そのため、その年の2月には農林水産大臣及び青森県知事に生徒とともに表敬訪問し、森林認証取得の報告をさせていただいた。

4. CoC本審査への挑戦

　2020年東京オリンピック・パラリンピックに本校の認証材を提供するため、また、本県で認証材の普及活動をさらに発展させるためには、認証材の加工を欠かすことができないと考えている。そのためにはCoC認証が必要なのである。県内にある団体でFM認証を取得している森林は本校のみのため、本校でCoC認証を取得することが最も手っ取り早い方法であった。この認証のメリットは外部委託ができるということである。本校には簡易な木材加工機械はあるものの、大東農園から伐出した丸太は製材できない。幸いなことに大東農園と

* FSCライセンス番号：FSC-C139519

写真 4　CoC 認証審査の様子（2018 年 8 月撮影）

　同じ地区内に本校の卒業生が経営している製材所が有り、以前から取引をしていた。そこに外部委託することで認証材を製材してもらい、それを本校で木工品に加工するのである。本校には林産製造室という簡易な木工ができる実習室が有り、「林産物利用[3]」という授業で日常的に実習を行っている。最終的には生徒が認証材を活用して製作した木工品にFSCのロゴマークを印字して販売流通させることができるのである。これは生徒にとってとてもやりがいを感じる授業へつながると考えている。実際に実習林で森林認証を取得したことで、学校内でも少しずつFSCへの関心が高まりつつある。

　このような意識の高まりからCoC認証取得への取り組みが始まり、2018年8月に本審査が行われることが決定した。非認証木材が混入しないように委託先への説明や、生徒へは授業の中で認証木材の活用や区別の仕方などを教育した。FM年次監査とともにCoC認証審査を担当する3年生10名、2年生2名の12名で今年度のFSCチームを結成し、審査へ向けてのトレーニングを行い、審査に臨んだ。その結果、2018年10月24日付けで認証取得の報告を受けた。

これでFMとCoC両方の認証を受け、本校の実習林から生産された認証材を活用し、授業の中で認証された木工品を生産することができるようになったのである。

5. 森林認証の教育への効果と課題

2017年から森林認証取得へ取り組み、生徒たちには持続可能な森林経営や環境、安全へ配慮した森林管理についての具体的な考え方が確実に定着してきている。これまでの授業では感じることができなかった実習林での実習に対する意識や意欲の高まりをひしひしと感じており、それが自分の進路決定にもつながっていると実感している。森林認証に携わった2年間は、80％以上の生徒が森林に関わる進路を決定しているのである。特に2018年にFSCチームに所属していた女子生徒の一人は、国家公務員一般職高卒試験(林業)に、女子としては青森県初合格を果たした。「FSCチームに所属しながら、試験勉強を頑張りました。将来は人命を守る土砂災害防止に関わる業務に携わりたいです。」と話していた。高校入学当初は頼りなさそうな女子だったが、3年間、林業やFSC森林認証取得へ向けた経験を通して、これほど頼もしくなるとは驚きであった。認証取得への実践が森林科学科の学習へ定着する大きな一歩を踏み出したという印象である。

しかし、青森県においてはまだまだ認証材の活用が理解されているとは思えない。このような状況の下で、本校が教育の世界から森林認証の普及活動を展開していくことが認証を取得した責務と考えている。

文　献
1) 文部科学省(2013):『森林科学』. 実教出版.
2) 文部科学省(2014):『森林経営』. 実教出版.
3) 文部科学省(2014):『林産物利用』. 実教出版.

(奈良岡隆樹)

引用・参考文献

第1章

Stephen Bass (1997): Introducing Forest Certification – A report prepared by the Forest Certification Advisory Group (FCAG) for DGVIII of the European Commission. Discussion Paper 1. European Forest Institute.

白石則彦 (2015):「森林計画制度と森林認証」. 森林計画研究会報 458:1-4.

白石則彦 (2016):「森林認証の社会的側面」. 森林技術 853(3):2-6.

第3章2

SGEC (2017):『国際化した SGEC 森林認証制度活用の手引き 2017 年版』. SGEC.

蟹江憲史編 (2017):『持続可能な開発目標とは何か:2030 年へ向けた変革のアジェンダ』. ミネルヴァ書房, pp. 89-102, 223, 231.

持続可能な開発目標 (SDGs) 推進本部 (2016):「SDGs 実施指針」. p. 2.

田中正躬 (2017):『国際標準の考え方:グローバル時代への新しい指針』. 東京大学出版会, pp. 249-259.

内閣府 (2018):「地方創生 SDGs 官民連携プラットフォーム設立総会・キックオフイベント」配布資料, 内閣府.

長野県林業コンサルタント協会 (2017):「地域材の安定供給対策のうち森林認証材普及促進対策事業報告書」. 長野県林業コンサルタント協会.

早舩真智・杉山沙織・志賀和人 (2018):「PEFC グループ森林管理認証の展開とグループ主体:日本・北欧の比較研究」. 林業経済学会 2018 年秋季大会自由論題報告所収.

PEFC (2018):「持続可能な森林管理——要求事項」(Sustainable Forest Management – Requirements (PEFC ST 1003:2018) の日本語訳).

索引・用語解説

英数字

ASC（Aquaculture Stewardship Council；水産養殖管理協議会） 68
ASI（Assurance Services International） 19
CoC（Chain of Custody）認証 2, 20, 29, 50, 53, 64, 77, 93, 104, 113, 123, 130, 138, 166, 178, 186, 195, 215
CSA（Canadian Standards Association） 109
CSR（Corporate Social Responsibility；企業の社会的責任） 75, 121, 133
── 調達 119, 125, 149
ESG（Environment, Social, Governance） 121
── 投資 73, 88
EU organic regulation 68
EU木材法 135
FAMILY OF STANDARDS 68
FM（Forest Management、森林管理）認証 2, 20, 29, 53, 93, 104, 132, 137, 166
FSC International Center GmbH 22
FSC 2, 17, 49, 64, 108, 123, 210
──-CoC認証 116, 158, 208
── 森林認証 12, 97, 116, 130, 157, 166, 205
── 認証 76, 148
── 認証材供給応援宣言 26
── 認証材の調達宣言 26, 70
── プロジェクト認証 167, 209
GLOBAL G.A.P. 68, 210
GOTS（Global Organic Textile Standard） 68
GSTC（Global Sustainable Tourism Council；世界持続可能観光協議会） 20
IFOAM（International Federation of Organic Agriculture Movements；国際有機農業運動連盟） 68
Internet of Things（IoT）技術 72

IOC（International Olympic Committee；国際オリンピック委員会） 95, 96
ISEAL（International Social and Environmental Accreditation and Labeling Alliance；国際社会環境認定表示連合） 19
ISO（International Organization for Standardization；国際標準化機構） 32, 73, 78, 138
ISO/IEC 32
ISO14001 10
ITTO（International Tropical Timber Organization；国際熱帯木材機関） 17
JICA（Japan International Cooperation Agency；国際協力事業団） 45
MDGs（Millennium Development Goals；ミレニアム開発目標） 66
MSC（Marine Stewardship Council；海洋管理協議会） 19, 68
OCS（Organic Content Standard） 68
OEM 91
PDCAサイクル 10
PEFC（Programme for the Endorcement of Forest Certificaion Systems） 2, 8, 29, 51, 67, 97, 108, 111, 123, 136
── CoC認証 208
── 材 188
── 森林認証 53, 194
── 森林認証制度相互承認プログラム 29
PEFCとの相互承認を求める各国の認証規格について、PEFC国際規格への適合性について検証し、適合していることが認められた国の認証規格を「endorse（保証・裏打ち）」する制度。
──-マルチサイト組織 35
RA（Rainforest Alliance） 68
RSB（Roundtable on Sustainable Biomaterial；持続可能なバイオ燃料のための円卓会議） 19
RSPO（Roundtable on Sustainable Palm Oil；持

続可能なパーム油のための円卓会議） 19,
68
SBP（Sustainable Biomass Program） 20
SCS（Scientific Certification Systems, Inc.） 79
SDGs（Sustainable Development Goals；持続可
能な開発目標） 26, 38, 63, 66, 88, 121,
129, 136, 149, 203
SFI（The Sustainable Forestry Initiative） 109
SGEC（Sustainable Green Ecosystem Council；
緑の循環認証会議） 2, 29, 50, 67, 79, 117,
137
——CoC認証 162, 175, 188
——FM林 175
—— 材 188
——森林認証 104, 136, 137, 148, 162
——森林認証制度 186
SGEC/PEFCジャパン 197
SGEC/PEFC森林認証制度 29
SGEC/PEFC登録システム 37 認証森林及
び認証CoC企業について、その組織や
内容、その他ロゴマーク使用ライセンス
番号等の情報をデータベースとして整理
し、国内（SGEC登録システム）に、また世
界（PEFC登録システム）にそれぞれ公表
されるシステム。
SGEC/PEFCロゴマーク使用ライセンス番号
37
SLIMFのチェックリスト 210
Soil Association 12
TE（Textile Exchange） 68
TFAP（Tropical Forestry Action Program；熱
帯林行動計画） 17
UKWAS（UK Woodland Assurance Scheme）
87
UNCED（United Nations Conference on Environ-
ment and Development；国連環境開発会
議；地球サミット） 7, 17, 53, 77
USDA-NOP（USDA National Organic Program）
68
WFTO（World Fair Trade Organization；世界
フェアトレード機関） 68
WWF（World Wildlife Fund；世界自然保護基金）
78, 117

あ 行

アウトサイド・イン・アプローチ 55

伊勢志摩サミット 25, 87, 149, 154, 208

エコマーク 11
エシカルクレイム 73
エシカル消費 69, 72, 129

オーストリアの森林法 111

か 行

海洋管理協議会 19 → MSC
価格プレミアム 9, 129
川上 8, 15, 50, 136, 155, 164, 189
川下 8, 50, 136, 155, 164, 189
川中 8, 15, 136, 155
環境NGO 50, 77, 80, 104
環境マネジメントシステム 10, 138
環境ラベル 11, 17
管理木材 21, 119, 134, 159

気候変動枠組み条約 53

グリーンウォッシュ 23
グループ認証 14, 21, 34, 53, 158, 166, 176

国際協力事業団 45 → JICA
国際社会環境認定表示連合 19 → ISEAL
国際熱帯木材機関 17 → ITTO
国際標準化機構 10 → ISO
国際フェアトレード認証ラベル 68
国際認定フォーラム（IAF） 33
国連環境開発会議（地球サミット） 7, 17, 53,
77 → UNCED
国連持続可能な開発サミット 26
国連森林フォーラム 53

さ 行

サステナブル 66, 152
サプライチェーン 34, 64, 70, 97, 123, 138,
154, 166

サプライヤー　123

資材調達ルール　1
システム基準　12
システム認証　79
持続可能(サステナブル)　1
　——なオリンピック・パラリンピック　96
　——な開発　77, 130
　——な開発のための2030アジェンダ　26,
　　53, 66
　——な開発目標(SDGs)　53 → SDGs
　——な原材料調達　122
　——な森林　41
　——な森林管理　108
　——な森林管理認証基準　34
　——な森林経営　65, 116, 148, 166, 205, 217
　——な調達WG　98, 104
　——なパーム油のための円卓会議(RSPO)
　　19 → RSPO
　——なバイオ燃料のための円卓会議(RSB)
　　19 → RSB
　——なバイオマスプログラム(SBP)　19
　　→ SBP
　——な木材生産　178
　——な木材調達　208
　——な林業　111
　——に管理された森林　17
審査基準　10
森林管理協議会　17, 21
森林経営管理制度　14
森林経営計画制度　14, 138
森林計画制度　8, 31, 50
森林原則声明　7, 77
森林認証制度　1, 7, 19, 29, 51, 64, 79, 116,
　　123, 130, 148
森林法　31, 42, 138
森林・林業基本法　14, 47
森林・林業再生プラン　14, 181

水産養殖管理協議会　19 → ASC
スキームオーナー　33, 64　認証規格を策
　　定・管理する機関。日本の場合はSGEC/
　　PEFCジャパンがこれに当たる。

ステークホルダー　38, 55, 74, 82, 122, 149

政府間プロセス　32, 33, 53　1992年の地球サ
　　ミットでの森林保全への動きを受けて、
　　世界149か国が参加して取り組んだ持続
　　可能な森林経営のための基準、指標。世
　　界の8つの地域で政府間プロセスがまと
　　められている。
生物多様性条約　53
世界持続可能観光協議会　20 → GSTC

相互承認　2, 29, 183
相互認証　80, 124

た　行

地球の友(Friends of Earth)　7
地方創生SDGs官民連携プラットフォーム
　　53

デューデリジェンス　64

統合CoC管理事業体認証　35
トレーサビリティ　75, 102, 119, 123, 135,
　　159, 162, 178, 205
トレードマーク基準　113

な　行

日中韓ラウンドテーブル　72
日本森林管理協議会(FSCジャパン)　22
日本木材輸出振興協会　91
認証機関　19, 33　認定機関から認定を受け
　　ていることを要件として、スキームオー
　　ナーから認証機関としての公示を受け、
　　森林管理(FM)及び、CoC企業の認証を
　　行う機関。
認証木材市場　13
認定機関　33　国際規格(ISO/IEC)基づき、
　　スキームオーナーが定める認証規格の範
　　囲内で、認証機関の認証能力を認定する
　　機関。

ネクサス・アプローチ　55

熱帯林行動計画　17 → TFAP

は　行

パフォーマンス基準　11
パフォーマンス認証　79
バリューチェーン　70
汎欧州森林認証制度　29

非木材林産物　24

フェアトレード　71
プロジェクト認証　21, 87, 104, 172, 176

ヘルシンキ・プロセス　7

保安林整備臨時措置法　43
ボトムアップ・アプローチ　54

ま　行

マテリアル利用　122
マルチサイト認証　21, 116, 194

緑の循環認証会議　29, 50, 67, 79, 117, 178
　　→ SGEC

木材輸出振興協議会　91
木構造設計規範　91
モントリオールプロセス　33, 81

や　行

有機認証　11

ヨーロッパ森林研究所　9

ら　行

ラベリング　18, 50, 79, 129
ラベル　7

リスク評価　123, 125, 134, 195
林業基本法　47

ロゴマーク　8

ロゴマーク使用ライセンス番号　37　ロゴマーク使用者が、スキームオーナーとロゴマークの使用契約を締結のうえ発行されるライセンス番号で、ロゴマークを使用する際にロゴマークと一緒に表示しなければならない。

● **執筆者**(50音順;＊は企画・編集者)

安藤	直人＊	東京大学名誉教授
上河	潔	公益社団法人森林・自然環境技術教育研究センター 事務局長、 一般財団法人林業経済研究所 フェロー研究員
志賀	和人	一般財団法人林業経済研究所 フェロー研究員
白石	則彦＊	東京大学大学院農学生命科学研究科 教授
中川	清郎	一般社団法人 緑の循環会議(SGEC/PEFCジャパン)顧問
速水	亨	速水林業 代表、NPO法人 日本森林管理協議会(FSC®ジャパン)副代表
前澤	英士	NPO法人 日本森林管理協議会(FSCジャパン)事務局長
山口真奈美		一般社団法人 日本サステナブル・ラベル協会 代表理事
山田	壽夫	一般社団法人 全国木材検査・研究協会 理事長

● **事例集提供団体**(掲載順)

1) カナダ林産業審議会
2) オーストリア大使館 商務部
3) 王子ホールディングス株式会社
4) 日本製紙株式会社
5) 三菱製紙株式会社
6) 住友林業株式会社
7) 三井物産株式会社
8) 南三陸森林管理協議会
9) 物林株式会社
10) 天竜林材業振興協議会
11) 静岡県富士農林事務所
12) 佐藤木材工業株式会社
13) 多良木プレカット協同組合
(新産グループ)
14) 株式会社サイプレス・スナダヤ
15) ジャパン建材株式会社
16) ナイス株式会社
17) 株式会社ワイス・ワイス
18) 株式会社イトーキ
19) 青森県立五所川原農林高等学校

Outline of Forest Certification
edited by ANDO Naoto and SHIRAISHI Norihiko

がいせつしんりんにんしょう
概説 森林認証

本書のHP

発 行 日：	2019年11月1日 初版第1刷
定 価：	カバーに表示してあります
企画・編集：	安 藤 直 人 白 石 則 彦
発 行 者：	宮 内 久
印刷・製本：	株式会社ホーナンドー

海青社
Kaiseisha Press

〒520-0112 大津市日吉台2丁目16-4
Tel. (077) 577-2677 Fax (077) 577-2688
http://www.kaiseisha-press.ne.jp
郵便振替 01090-1-17691

© ANDO Naoto and SHIRAISHI Norihiko, 2019
ISBN978-4-86099-354-2 C3061 Printed in JAPAN.
落丁・乱丁の場合は弊社までご連絡ください。送料弊社負担にてお取り替えいたします。

本書のコピー、スキャン、デジタル化等の無断複製は著作権法上での例外を除き禁じられています。
本書を代行業者等の第三者に依頼してスキャンやデジタル化することはたとえ個人や家庭内の利用
でも著作権法違反です。

◆ 海青社の本・好評発売中 ◆

諸外国の森林投資と林業経営
森林投資研究会 編

世界の林業が従来型の農民的林業とTIMOやT-REITなどの新しい育林経営の並存が見られるなど新しい展開をみせる一方で、日本では古くからの育成的林業経営が厳しい現状にある。世界の動向の中で日本の育林業を考える書。
〔ISBN978-4-86099-357-3/A5判/225頁/本体3,500円〕

早生樹 産業植林とその利用
岩崎 誠ほか5名共編

アカシアやユーカリなど、近年東南アジアなどで活発に植栽されている早生樹について、その木材生産から、材質、さらにはパルプ、エネルギー、建材利用など加工・製品化に至るまで、技術的な視点から論述。
〔ISBN978-4-86099-267-5/A5判/259頁/本体3,400円〕

広葉樹資源の管理と活用
鳥取大学広葉樹研究刊行会 編／古川・日置・山本監

地球温暖化問題が顕在化した今日、森林のもつ公益的機能への期待が大きくなっている。鳥取大広葉樹研究会の研究成果を中心にして、地域から地球レベルで環境・資源問題を考察し、適切な森林の保全・管理・活用について論述する。
〔ISBN978-4-86099-258-3/A5判/242頁/本体2,800円〕

H・フォン・ザーリッシュ 森林美学
クックら英訳、小池孝良・清水裕子ら和訳

ザーリッシュは、自然合理な森林育成管理を主張し、木材生産と同等に森林美を重要視した自然的な森づくりの具体的な技術を体系化した。彼の主張は後に海を渡り、明治神宮林苑計画にも影響を与えたと言われている。
〔ISBN978-4-86099-259-0/A5判/384頁/本体4,000円〕

森への働きかけ 森林美学の新体系構築に向けて
湊 克之・小池孝良ほか4名共編

森林の総合利用と保全を実践してきた森林工学・森林利用学・林業工学の役割を踏まえながら、生態系サービスの高度利用のための森づくりをめざし、生物保全学・環境倫理学の視点を加味した新たな森林利用学のあり方を展望する。
〔ISBN978-4-86099-236-1/A5判/381頁/本体3,048円〕

自然と人を尊重する自然史のすすめ 北東北に分布する群落からのチャレンジ
越前谷 康 著

秋田を含む北東北の植生の特徴を著者らが長年調査した植生データをもとに明らかにする。さらに「東北の偽高山帯とは何か、秋田のスギの分布と変遷、近年大きく変貌した植生景観」についても言及する。
〔ISBN978-4-86099-341-2/B5判/170頁/本体3,241円〕

森林環境マネジメント 司法・行政・企業の視点から
小林紀之 著

環境問題のうち自然保護は森林と密接に関係している。本書では森林、環境、温暖化問題を自然科学と社会科学の両面から分析し、司法・行政・ビジネスの視点から森林と環境の管理・経営の指針を提示する。
〔ISBN978-4-86099-304-7/四六判/320頁/本体2,037円〕

カラー版 日本有用樹木誌 第2版
伊東隆夫ほか4名共著

"適材適所"を見て、読んで、楽しめる樹木誌。古来より受け継がれる我が国の「木の文化」を語る上で欠かすことのできない約100種の樹木について、その生態と、特に材の性質や用途をカラー写真とともに紹介。改訂第2版。
〔ISBN978-4-86099-370-2/A5判/238頁/本体3,333円〕

針葉樹材の識別 IAWAによる光学顕微鏡的特徴リスト
IAWA委員会編／伊東隆夫ほか4名共訳

IAWAの"Hardwood list"と対を成す"Softwood list"の日本語版。現生木材、考古学木質遺物、化石木材等の樹種同定に携わる人に「広葉樹材の識別」と共に必携の書。124項目の木材解剖学的特徴リスト(写真74枚)を掲載。原著版は2004年刊。
〔ISBN978-4-86099-222-4/B5判/本体2,200円〕

広葉樹材の識別 IAWAによる光学顕微鏡的特徴リスト
IAWA委員会編／伊東隆夫・藤井智之・佐伯浩 訳

IAWA(国際木材解剖学者連合)"Hardwood List"の日本語版。簡潔かつ明白な定義(221項目の木材解剖学的特徴リスト)と写真(180枚)は広く世界中で活用されている。日本語版出版に際し付した「用語および索引」は大変好評。原著版は1989年刊。
〔ISBN978-4-906165-77-3/B5判/本体2,381円〕

近代建築史の陰に〈上・下〉
杉山英男 著

木質構造分野の発展に大きく寄与した著者が晩年に「建築技術」誌に掲載していた連載記事を集成。多くの先達や過去の地震の記録など自身のフィールドノートをもとに、日本の近代建築における構造を歴史的に概観する。
〔ISBN978-4-86099-361-0・362-7/B5判/各巻本体7,500円〕

＊表示価格は本体価格(税別)です。